高等职业教育精品示范教材（电子信息课程群）

计算机组装与维护

主　编　刘媛媛　鲁　立

副主编　杨晓雪　任　琦

主　审　王路群

U0323513

中国水利水电出版社

www.waterpub.com.cn

内 容 提 要

本书是一本详细讲解计算机硬件结构、组装方法与维护技巧的教程。通过讲解计算机的硬件常识、组装与维护的具体方法和技巧，使读者在对硬件有所了解的基础上，认识计算机的各个组成部件、熟练掌握硬件的基本技术性能指标、熟悉计算机配置的基本常识和选购策略，并能独立地安装并维护一台计算机。

本书内容丰富，选材适当，结构合理，实用性强，适合作为各类计算机培训机构、高职高专院校相关专业课程的教材，也可作为初学者学习计算机组装与维护技能的普及性读物。

本书配有电子教案，读者可以从中国水利水电出版社网站和万水书苑免费下载，网址为： http://www.waterpub.com.cn/softdown/ 和 http://www.wsbookshow.com。

图书在版编目（ＣＩＰ）数据

计算机组装与维护 / 刘媛媛，鲁立主编. -- 北京：中国水利水电出版社，2015.2
高等职业教育精品示范教材. 电子信息课程群
ISBN 978-7-5170-2922-9

Ⅰ. ①计… Ⅱ. ①刘… ②鲁… Ⅲ. ①电子计算机－组装－高等职业教育－教材②计算机维护－高等职业教育－教材 Ⅳ. ①TP30

中国版本图书馆CIP数据核字(2015)第023009号

策划编辑：祝智敏　责任编辑：陈　洁　加工编辑：宋　杨　封面设计：李　佳

书　　　名	高等职业教育精品示范教材（电子信息课程群） 计算机组装与维护
作　　　者	主　编　刘媛媛　鲁立 副主编　杨晓雪　任琦 主　审　王路群
出版发行	中国水利水电出版社 （北京市海淀区玉渊潭南路 1 号 D 座　100038） 网址：www.waterpub.com.cn E-mail：mchannel@263.net（万水） 　　　　sales@waterpub.com.cn 电话：（010）68367658（发行部）、82562819（万水）
经　　　售	北京科水图书销售中心（零售） 电话：（010）88383994、63202643、68545874 全国各地新华书店和相关出版物销售网点
排　　　版	北京万水电子信息有限公司
印　　　刷	北京蓝空印刷厂
规　　　格	184mm×240mm　16 开本　16.5 印张　362 千字
版　　　次	2015 年 2 月第 1 版　2015 年 2 月第 1 次印刷
印　　　数	0001—3000 册
定　　　价	35.00 元

高等职业教育精品示范教材（电子信息课程群）

丛书编委会

I

序

为贯彻落实国务院印发的《关于加快发展现代职业教育的决定》，加快发展现代职业教育，形成适应发展需求、产教深度融合、中职高职衔接、职业教育与普通教育相互沟通的现代职业教育体系，我们在围绕中国职业技术教育学会研究课题的基础上，联合大批的一线教师和技术人员，共同组织出版"高等职业教育精品示范教材（电子信息课程群）"职业教育系列教材。

职业教育在国家人才培养体系中有着重要位置，以服务发展为宗旨，以促进就业为导向，适应技术进步和生产方式变革以及社会公共服务的需要，从而培养数以亿计的高素质劳动者和技术技能人才。紧紧围绕国家发展职业教育的指导思想和基本原则，编委会在调研、分析、实践等环节的基础上，结合社会经济发展的需求，设计并打造电子信息课程群的系列教材。本系列教材配合各职业院校专业群建设的开展，涵盖软件技术、移动互联、网络系统管理、软件与信息管理等专业方向，有利于建设开放共享的实践环境，有利于培养"双师型"教师团队，有利于学校创建共享型教学资源库。

本次精品示范系列教材的编写工作，遵循以下几个基本原则：

（1）体现就业为导向、产学结合的发展道路。学科和专业同步加强，按企业需要、按岗位需求来对接培养内容。既反映学科的发展趋势，又能结合专业教育的改革，且及时反映教学内容和教学体系的调整更新。

（2）采用项目驱动、案例引导的编写模式。打破传统的以学科体系设置课程体系、以知识点为核心的框架，更多地考虑学生所学知识与行业需求及相关岗位、岗位群的需求相一致，坚持"工作流程化""任务驱动式"，突出"走向职业化"的特点，努力培养学生的职业素养、职业能力，实现教学内容与实际工作的高仿真对接，真正以培养技术技能型人才为核心。

（3）专家教师共建团队，优化编写队伍。由来自于职业教育领域的专家、行业企业专家、院校教师、企业技术人员协同组合编写队伍，跨区域、跨学校来交叉研究、协调推进，把握行业发展和创新教材发展方向，融入专业教学的课程设置与教材内容。

（4）开发课程教学资源，推进专业信息化建设。从充分关注人才培养目标、专业结构布局等入手，开发补充性、更新性和延伸性教辅资料，开发网络课程、虚拟仿真实训平台、工作过程模拟软件、通用主题素材库以及名师讲义等多种形式的数字化教学资源，建立动态、共享的课程教材信息化资源库，服务于系统培养技术技能型人才。

电子信息类教材建设是提高电子信息领域技术技能型人才培养质量的关键环节，是深化职业教育教学改革的有效途径。为了促进现代职业教育体系建设，使教材建设全面对接教学改革、行业需求，更好地服务区域经济和社会发展，我们殷切希望各位职教专家和老师提出建议，并加入到我们的编写队伍中来，共同打造电子信息领域的系列精品教材！

丛书编委会

2014 年 6 月

前言

计算机的组装与维护是计算机应用的重要环节。特别是随着计算机的普及，计算机硬件产品更新换代日益加快；新产品、新技术不断出现，使计算机软、硬件故障出现的频率增多。因此我们组织编写本教材，为计算机初学者及高职高专院校学生提供比较新的计算机硬件讯息。

为了适应计算机技术的飞速发展以及高职高专计算机教育形势发展的需要，结合高职高专教育特点及计算机专业教学的需要，本书以提高学生的社会岗位适应能力和快速掌握计算机组装与维护技能为指导来编写。强调理论与实践相结合，遵循学生的认知规律，以理论知识"够用"为度，注重培养学生的实际动手能力。编者在将计算机软、硬件的最新发展成果纳入教材的同时，力争使教材具有实用性和启发性。

通过对本书的学习，可以使学生在认知和实际操作上，对计算机系统的软、硬件有一个整体认识，掌握计算机组装、故障诊断和排除、信息安全、网络互联等基本职业技能，并倡导学生"做中学""学中做"，为提高学生在专门化方向的职业能力奠定良好的基础。

本书特色有：

1. 本书内容基于最流行的计算机硬件来编写，兼顾低端硬件的需要，全面而完整，结构安排合理，图文并茂，通俗易懂，能够很好地帮助学生掌握计算机组装与维护的技能。

2. 结合高职高专学生的水平、能力和特点，本书内容强调实用性和可操作性，以通俗易懂的语言展现计算机组装与维护的全过程，提高学生的学习兴趣，并着重培养学生的实际动手能力，让学生在完成具体实践操作的同时，逐步领会相关知识点，从而掌握相关技能和技巧，做到举一反三、融会贯通。

全书共分为9章，第1~2章介绍了计算机硬件组成和计算机各部件的基本原理、主要产品、性能参数和选购策略等；第3~6章通过实例讲解了计算机硬件组装、BIOS设置、软件系统及常用应用软件的安装与使用方法；第7~8章介绍了一些计算机维护、维修的技巧，重点讲解了常见软硬件故障的诊断处理方法；第9章讲解了笔记本电脑的选购、维护、优化等。

本书由刘媛媛、鲁立担任主编，由杨晓雪、任琦担任副主编，由刘媛媛统稿，由王路群审稿，武汉软件工程职业学院的张松慧、李安邦、王彩梅、宋焱宏、王燕波、刘颂、武汉中等职业艺术学校的刘桢和中州大学的张晓红等参加了编写工作。

由于编者水平有限，书中不妥或错误之处在所难免，殷切希望广大读者批评指正。如有问题，请函至 yyokok@gmail.com。

编　者
2014 年 11 月

III

目录

1

计算机系统的组成

- 了解计算机系统的组成
- 了解计算机工作的原理
- 理解计算机硬件系统
- 掌握计算机性能指标

- 计算机工作的原理
- 计算机硬件系统组成

1.1 计算机系统组成

一个完整的计算机系统通常是由硬件系统和软件系统两大部分组成的。

1.1.1 硬件（hardware）

硬件是指计算机的物理设备，包括主机及其外部设备。具体地说，硬件系统由运算器、控制器、存储器、输入设备和输出设备五大部件组成。

（1）运算器，运算器对二进制数进行算术或逻辑运算。

（2）控制器，控制器是计算机的"神经中枢"。它指挥计算机各部件按照指令功能的要求自动协调地进行所需的各种操作。

（3）存储器，存储器是计算机用来存放程序和原始数据及运算的中间结果和最后结果的记忆部件。

（4）输入/输出设备（简称 I/O 设备），计算机和外界进行联系业务要通过输入输出设备才能实现。输入设备用来接收用户输入的原始数据和程序，并将它们转换成计算机所能识别的形式（二进制）存放到内存中。输出设备的主要功能是把计算机处理的结果转变为人们能接受的形式，如数字、字母、符号或图形。

1.1.2　软件（software）

软件是指系统中的程序以及开发、使用和维护程序所需要的所有文档的集合。包括计算机本身运行所需的系统软件和用户完成特定任务所需的应用软件。

1.2　计算机工作原理

1.2.1　冯·诺依曼设计思想

计算机问世 50 年来，虽然现在的计算机系统从性能指标、运算速度、工作方式、应用领域和价格等方面与当时的计算机有很大的差别，但基本体系结构没有变，都属于冯·诺依曼计算机。

冯·诺依曼设计思想可以简要地概括为以下 3 点：

（1）计算机应包括运算器、存储器、控制器、输入和输出设备五大基本部件。

（2）计算机内部应采用二进制来表示指令和数据。每条指令一般具有一个操作码和一个地址码。其中，操作码表示运算性质，地址码指出操作数在存储器的位置。

（3）将编好的程序和原始数据送入内存储器中，然后启动计算机工作，计算机应在不需操作人员干预的情况下，自动逐条取出指令和执行任务。

冯·诺依曼设计思想最重要之处在于他明确地提出了"程序存储"的概念。他的全部设计思想，实际上是对"程序存储"要领的具体化。微型计算机系统如图 1-1 所示。

1.2.2　计算机基本结构图

如图 1-2 计算机的基本结构图所示（图中实线为数据流，虚线为控制流），我们可以更好地理解"存储程序"和"程序控制"。

输入设备在控制器控制下输入解题程序和原始数据，控制器从存储器中依次读出程序的一条条指令，经过译码分析，发出一系列操作信号以指挥运算器、存储器等到部件完成所规定的操作功能，最后由控制器命令输出设备以适当方式输出最后结果。这一切工作都是由控制器控制、而控制器赖以控制的主要依据则是存放于存储器中的程序。人们常说，现代计算机采用的是存储程序控制方式，就是这个意思。

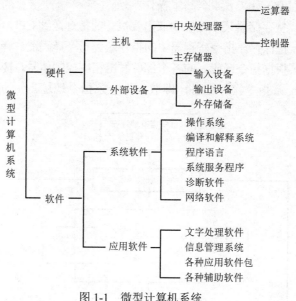

图1-1　微型计算机系统

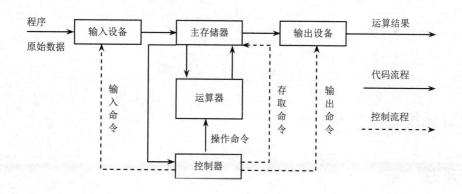

图1-2　计算机的基本结构图

1.2.3　计算机的工作过程

计算机的工作过程，就是执行程序的过程。怎样组织存储程序，涉及到计算机体系结构问题。现在的计算机都是基于"程序存储"概念设计制造出来的。如图1-3计算机的工作过程图所示。

了解了"程序存储"，再去理解计算机工作过程变得十分容易。如果想叫计算机工作，就得先把程序编出来，然后通过输入设备送到存储器保存起来，即程序存储。下面就是执行程序的问题。根据冯·诺依曼的设计，计算机应能自动执行程序，而执行程序又归结为逐条执行指令。执行一条指令又可分为以下 4 个基本操作：

（1）取出指令：从存储器某个地址中取出要执行的指令送到 CPU 内部的指令寄存器暂存。

（2）分析指令：把保存在指令寄存器中的指令送到指令译码器，译出该指令对应的微操作。

（3）执行指令：根据指令译码，向各个部件发出相应控制信号，完成指令规定的各种操作。

（4）为执行下一条指令作好准备，即取出下一条指令地址。

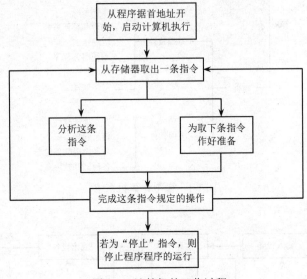

图 1-3　计算机的工作过程

1.3　计算机硬件系统

1.3.1　运算器

运算器是执行算术运算和逻辑运算的部件，它的任务是对信息进行加工处理。运算器由算术逻辑单元、累加器、状态寄存器和通用寄存器组等组成。

算术逻辑单元是用于完成加、减、乘、除等算术运算，与、或、非等逻辑运算及移位、求补等操作的部件。累加器用于暂存操作数和运算结果。状态寄存器也称为标志寄存器，用于存放算术逻辑单元在工作中产生的状态信息。通用寄存器组是一组寄存器，运算时用于暂存操作数或数据地址。

算术逻辑单元、累加器和通用寄存器的位数决定了 CPU 的字长，字长通常和算术逻辑单元、累加器和通用寄存器的长度是一致的。例如在 32 位字长的 CPU 中，算术逻辑单元、累加器和通用寄存器都是 32 位的。

1.3.2　控制器

　　控制器是计算机的神经中枢。它按照主频的节拍产生各种控制信号，以指挥整机工作，即决定在什么时间、根据什么条件执行什么动作，使整个计算机能够有条不紊自动执行程序。

　　控制器要从内存中按顺序取出各条指令。每取出一条指令，就分析这条指令，然后根据指令的功能向各部件发出控制命令，控制它们执行这条指令中规定的任务。当各部件执行完控制器发出的命令之后，都会发出对执行情况的"反馈信息"。当控制器得知一条执行完后，会自动顺序取出下一条要执行的命令，重复上面的工作过程，只不过对不同的指令发出不同的控制命令而已。例如，现在控制器取出程序中的第一条指令，经控制识别出这是一条加法指令，于是它发出如下控制命令序列到各部件中去：

　　（1）向内存发出取数命令，按指令所指出的地址取出加数。

　　（2）把取出的加数送到运算器中，和原来已取出来暂时存在运算器中的被加数进行加法运算。

　　（3）向内存发出存数命令，并送去准备存数的地址，把结果存到内存中指定的单元。

1.3.3　存储器

　　计算机的工作过程就是在程序的控制下对数据信息进行加工处理的过程。因此，计算机中必须有存放程序和数据的部件，这个部件就是存储器。存储器的主要功能是保存信息。它的作用类似于一台录音机。使用时可以取出原记录内容而不破坏其信息，这种取数操作称为存储器的"读"。也可以把原来保存的内容抹去，重新记录新的内容，这种存数操作称为存储器的"写"。

　　根据作用上的不同，存储器分为两大类：内存储器和外存储器。

　　1. 内存储器

　　内存用来存放当前正在使用的或者随时要使用的程序或数据。计算机运算之前，程序和数据通过输入设备送入内存。运算开始后，内存不仅要为其他部件提供必需的信息，也要保存运算的中间结果及最后结果。总之，它要和各个部件直接打交道，进行数据传送。因此为了提高计算机的运算速度，要求内存能进行快速的存数和取数操作。对于内存，CPU 直接对它进行访问。目前，计算机和微型计算机内部使用的都是半导体存储器。

　　（1）地址。内存由许多存储单元组成，每一个存储单元可以存放若干位数据代码，该代码可以是指令，也可以是数据。为区分不同的存储单元，所有存储单元均按一定的顺序编号，称为地址编码，简称地址。当计算机要把一个信息代码存入某存储单元中或从某存储单元中取出时，首先要告诉该存储单元的地址，然后由存储器查找与该地址对应的存储单元，查到以后才能进行数据的存取。这种情形和我们在一幢大楼里找人时一样，要按照他的住址或房间号寻找。

（2）存储容量。存储容量是描述计算机存储能力的指标。它通常以 KB、MB 为单位（1KB=1024B=2^{10}B，1MB=1024KB=2^{20}B），例如内存为 64MB 的微型计算机的实际内存容量为 64×1024×1024=67108864 字节。更大的容量单位是 GB（千兆字节）。显然，存储容量越大，能够存储的信息越多。

（3）ROM 和 RAM。按照存取方式，存储器可分为随机存取存储器（RAM）和只读存储器（ROM）两类。

随机存储器实际上是指可读、可写的存储器，这类存储器的缺点是断电后存储的信息就会消失，属于易失存储器。它常用来存放正在执行的程序或程序所使用的数据、运算结果等。

只读存储器存储的信息只能读（取出），不能改写（存入）。断电后信息也不会丢失，可靠性高。常用于存放系统程序或使用频率较高的程序。

2．外存储器

由于价格和技术方面的原因，内存的存储容量受到限制。为了满足存储大量的信息，就需要采用价格便宜的辅助存储器，又称外存。常用的外存储器有磁带存储器、磁盘存储器、光盘存储器等。外存用来存放"暂时不用"的程序或数据。外存容量要比内存大得多，但它存取信息的速度要比内存慢。通常外存不与计算机内其他装置交换数据，只与内存交换数据，而且不是按单个数据进行存取，而是以成批数据进行交换。内存、外存、中央处理器之间传输关系如图 1-4 所示。

图 1-4　内存、外存、中央处理器之间传输关系

外存与内存有许多不同之处。一是外存不怕停电，磁盘上的信息可保存数年之久。二是外存的容量不像内存那样受多种限制，可以很大，如磁盘的容量有 GB、TB 等，光盘容量则更大。三是外存价格也较便宜。

由于外存储器设置在计算机外部，所以也可归属计算机外部设备。常见的外存储器有硬盘、U 盘、光盘等。

1.3.4　输入设备

输入设备的任务是输入操作者提供的原始信息，并将它变为机器能识别的信息，然后存放在内存中。微型计算机系统中常用的输入设备有键盘、鼠标、图形扫描仪、数字化仪、条形码输入器。

1．键盘

键盘是计算机最常用的输入设备。用户的各种命令、程序和数据都可以通过键盘输入计

算机，使人和计算机直接进行联系，起着人与计算机进行信息交流的桥梁作用。键盘外观如图
1-5 所示。

图 1-5 键盘

2. 鼠标

鼠标是一种手持式的坐标定位部件，是为替代光标移动键进行光标定位操作和替代回车
键操作。在各种软件的支持下，通过鼠标器上的按钮完成某种特定的功能。目前使用的鼠标有
机械鼠标、光学鼠标和光学机械鼠标，它通过 RS-232C 串行口（或 USB 接口）和主机相连接。

3. 图形扫描仪

图形扫描仪（Scanner）是一种图形、图像的专用输入设备，外观如图 1-6 所示。利用它
可以迅速地将图形、图像、照片、文本从外部环境输入到计算机中。

Chapter 1

图 1-6 图形扫描仪

4. 条形码读入器

条形码是一种用线条和线条间的间隔按一定规则表示数据的条形符号。它具有准确、可靠、
灵活、实用、制作容易、输入速度快等优点，广泛用于物资管理、商品、银行、医院等部门。

阅读条形码要用专门的条形码阅读设备在条形码上扫描，将光信号转换为电信号，经译
码后输入计算机。

5. 光笔

光笔是用来显示屏幕上作图的输入设备，与相应的硬件和软件配合，可实现在屏幕上作图、改图及进行图形放大、移动、旋转等操作。

6. 触摸屏

触摸屏是一种快速实现人机对话的工具。一般直接在荧光屏前安装一块特殊的玻璃屏，当手指触摸屏幕时，引起触点正反面间电容值或电阻发生变化，控制器将这种变化翻译成（x，y）坐标值，再送给计算机。

1.3.5 输出设备

微型计算机中常用的输出设备有显示器、打印机、绘图仪等。

1. 显示器

显示器可显示程序的运行成果，显示输入的程序或数据等。

（1）显示器的组成。显示器由监视器和显示控制适配器（又称显示卡）两部分组成，如图 1-7 所示。

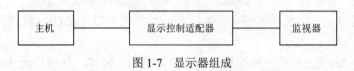

主机　　显示控制适配器　　监视器

图 1-7　显示器组成

（2）监视器种类。监视器按其颜色可分为单色监视器和彩色监视器两大类。目前微型机上使用的多为液晶彩色监视器。监视器按其显示器件可分为 LCD、LED 两大类。目前大部分微型计算机都使用 LED 监视器。

（3）显示卡。它是插在微型机主机箱内扩展槽上的一块电路板，用于将主机输出的信号转换成监视器所能接受的形式。显示卡是决定显示器类型和性能的重要部件。

2. 打印机

打印机是从计算机获得硬拷贝的输出设备。打印机通过电缆线连接在主机箱的并行接口上，实现与主机之间的通信。

（1）按照打印方式可分为：串行式打印机（一个字符一个字符地依次打印）、行式打印机（按行打印）和页式打印机（按页打印）三类。

（2）按照打印机打印的原理可分为：击打式打印机和非击打式打印机两大类。击打式打印机中最普遍使用的是针式打印机（又称点阵打印机）。非击打式打印机类型很多，目前流行的有激光打印机、喷墨打印机和热敏打印机等。

3. 绘图仪

绘图仪是一种输出图形的硬拷贝设备。绘图仪在绘图软件的支持下可绘制出复杂、精确的图形，是各种计算机辅助设计（CAD）不可缺少的工具。绘图仪如图 1-8 所示。

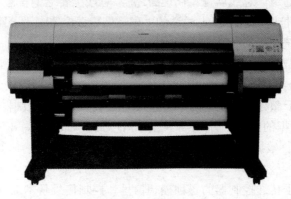

图 1-8 绘图仪

1.4 微型计算机的组成

知道了计算机系统的定义，就不难理解微型计算机系统的组成。它也是由硬件系统和软件系统两大部分组成的。这里我们研究它的硬件系统。

就普遍性而言，微机的硬件系统也可以说是由运算器、控制器、存储器、输入设备和输出设备五大部件组成的。但是它有自己明显的个性特征。在微机中，运算器和控制器并不是两个独立的部件，它们从开始就做到一块微处理器芯片上，称为 CPU 芯片（中央处理器）。中央处理器 CPU 和主存储器构成计算机的主体，称为主机。主机以外的大部分硬件设备都称为外围设备或外部设备，简称外设。它包括输入输出设备、外存储器（辅助存储器）等。如图 1-9给出了一台典型的微型计算机的组成框图。

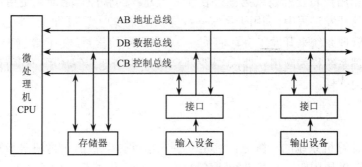

图 1-9 微型计算机的组成框图

它由微处理器、存储器及 I/O 接口等大规模或超大规模集成电路芯片所组成，各部分之间是通过"总线"连接在一起的，并实现信息的交换。

所谓"总线"就是为连接微型计算机系统中各个部件的一组公共信号线，是计算机中传送数据、信息的公共通道。总线就像"高速公路"，总线上传送的信息则被视为公路上的"车辆"。显而易见，在单位时间内公路上通过的"车辆"数直接依赖于公路的宽度、质量。因此，总线技术成为微机系统结构的一个重要方面。

微机系统总线由数据总线 DB（DataBus）、地址总线 AB（AddressBus）和控制总线 CB（ControlBus）三部分组成。

数据总线 DB 用于微处理器、存储器和输入/输出设备的传送数据。DB 位数的多少，反映了 CPU 一次可接收数据的能力。例如，8 位的 CPU 芯片，即 DB 为 8 位，表示 CPU 一次可同时接收 8 位数据信息。数据总线上传送的数据信息是双向的，即有时是送入 CPU，有时是从 CPU 送出的。

控制总线 CB 用于传送控制器的各种控制信号。控制信号基本上分两类，一类由 CPU 向内存或外设发送的控制信号，另一类是由外设或有关接口电路向 CPU 送回的信号。

地址总线 AB 用于传送存储器单元地址或输入/输出接口地址信息。地址总线的根数一般反映了一个计算机系统的最大内存容量。不同的 CPU 芯片，地址总线的数量不同。

1.5　计算机软件系统

计算机软件的出现使人们不必更多地了解计算机本身就可以使用计算机。也就是说，软件在计算机和使用者之间架起了联系的桥梁。微机中的软件系统分为系统软件和应用软件两大部分。

系统软件中最典型的是操作系统。其他系统软件还有：编程语言处理程序；作为软件研制开发工具的编辑程序、装配链程序、测试程序等工具软件；为适应事务处理的需要而开发的数据库管理系统等。

应用软件是指用户自己开发或第三方软件公司开发的软件，它能满足用户的特殊需要。由于在应用软件的开发过程中，利用了系统软件提供的系统功能、开发工具以及其他实用软件，例如利用数据库管理系统来开发工资管理系统、图书目录检索系统、仓库管理系统等，因此有些人把数据库管理系统称为应用软件，这是不恰当的。应当把为解决用户的特殊问题而开发的应用系统称为应用软件。

1.5.1　系统软件

系统软件是计算机系统的一部分，它是支持应用软件运行的。为用户开发应用系统提供一个平台，用户可以使用它，一般不能随意修改。一般常用的系统软件如下。

1.　操作系统 OS（Operating System）

为了使计算机系统的所有资源（包括中央处理器、存储器、各种外部设备及各种软件）协调一致，有条不紊地工作，就必须有一个软件来进行统一管理和统一调度，这种软件称为操作系统。它的功能就是管理计算机系统的全部硬件资源、软件资源及数据资源，使计算机系统所有资源最大限度地发挥作用，为用户提供方便的、有效的、友善的服务界面。

操作系统是一个庞大的管理控制程序，它大致包括如下管理功能：进程与处理机调度、作业管理、存储管理、设备管理、文件管理。实际的操作系统是多种多样的，根据侧重面不同和设计思想不同，操作系统的结构和内容存在很大差别。对于功能比较完善的操作系统，应具备上述 5 个部分。

2. 语言处理程序

编写计算机程序所用的语言是人与计算机之间信息交换的工具，按语言对机器的依赖程度分为机器语言、汇编语言和高级语言。

（1）机器语言（Machine Language）。机器语言是面向机器的语言，每一个由机器语言所编写的程序只适用于某种特定类型的计算机，即指令代码通常随 CPU 型号的不同而不同。它可以被计算机硬件直接识别，不需要翻译。一句机器语言实际上就是一条机器指令，它由操作码和地址码组成。机器指令的形式是用 0、1 组成的二进制代码串。

（2）汇编语言（Assemble Language）。汇编语言是一种面向机器的程序设计语言，它是为特定的计算机或计算机系列设计的。汇编语言采用一定的助记符号表示机器语言中指令和数据，即用助记符号代替了二进制形式的机器指令。这种替代使得机器语言"符号化"，所以汇编语言也是符号语言。每条汇编语言的指令就对应了一条机器语言的代码，不同型号的计算机系统一般有不同的汇编语言。

计算机硬件只能识别机器指令，执行机器指令，对于用助记符表示的汇编指令是不能执行的。汇编语言编写的程序要执行的话，必须用一个程序将汇编语言翻译成机器语言程序，用于翻译的程序称为汇编程序（汇编系统）。

汇编程序是将用符号表示的汇编指令码翻译成为与之对应的机器语言指令码。用汇编语言编写的程序称为源程序，变换后得到的机器语言程序称为目标程序。

（3）高级语言。机器语言与汇编语言受机器限制费工费时，并且缺乏通用性，为解决此问题，人们努力创造一种独立于计算机的语言。从 20 世纪 50 年代中期开始到 20 世纪 70 年代陆续产生了许多高级算法语言。这些算法语言中的数据用十进制来表示，语句用较为接近自然语言的英文来表示。它们比较接近于人们习惯用的自然语言和数学表达式，因此称为高级语言。高级语言具有较大的通用性，尤其是有些标准版本的高级算法语言，在国际上都是通用的。用高级语言编写的程序能使用在不同的计算机系统上。

但是，对于高级语言编写的程序计算机是不能识别和执行的。要执行高级语言编写的程序，首先要将高级语言编写的程序翻译成计算机能识别和执行的二进制机器指令，然后供计算机执行。

一般将用高级语言编写的程序称为"源程序"，而把由源程序翻译成的机器语言程序或汇编语言程序称为"目标程序"。把用来编写源程序的高级语言或汇编语言称为源语言，而把和目标程序相对应的语言（汇编语言或机器语言）称为目标语言。

计算机将源程序翻译成机器指令时，通常分两种翻译方式：一种为"编译"方式，另一种为"解释"方式。所谓编译方式是把源程序翻译成等价的目标程序，然后再执行此目标程序。而解释方式是把源程序逐句翻译，翻译一句执行一句，边翻译边执行。解释程序不产生将被执行的目标程序，而是借助于解释程序直接执行源程序本身。一般将高级语言程序翻译成汇编语言或机器语言的程序称为编译程序。

3. 连接程序

连接程序可以把目标程序变为可执行的程序。几个被编译的目标程序，通过连接程序可以组成一个可执行的程序。将源程序转换成执行的目标程序，一般分为两个阶段。

（1）翻译阶段。提供汇编程序或编译程序，将源程序转换成目标程序。这一阶段的目标模块由于没有分配存储器的绝对地址，仍然是不能执行的。

（2）连接阶段。这一阶段是用联接编译程序把目标程序以及所需的功能库等转换成可执行的装入程序。这个装入程序分配地址，是一可执行程序。各连接程序工作过程图如图 1-10 所示。

图 1-10　连接程序工作过程图

4. 诊断程序

诊断程序主要用于对计算机系统硬件的检测，并能进行故障定位，大大方便了对计算机的维护。它能对 CPU、内存、软硬驱动器、显示器、键盘及 I/O 接口的性能和故障进行检测。目前计算机常用的诊断程序有 QAPLUS、PCBENCH、WINTEST、CHECKIT PRO 等。

5. 数据库系统

数据库系统是 20 世纪 60 年代后期才产生并发展起来的，它是计算机科学中发展最快的领域之一。主要是面向解决数据的非数值计算问题，目前主要用于档案管理、财务管理、图书资料管理及仓库管理等的数据处理。此类数据的特点是数据量比较大，数据处理的主要内容为数据的存储、查询、修改、排序、分类等。数据库技术是针对这类数据的处理面产生发展起来的，至今仍在不断发展、完善。

1.5.2　应用软件

应用软件是指计算机用户利用计算机的软、硬件资源为某一专门应用目的而开发的软件。例如：科学计算、工程设计、数据处理、事务管理等方面的程序。

1. 文字处理程序

主要用于将文字输入到计算机，存储在外存中，用户能对输入的文字进行修改、编辑，并能将输入的文字以多种字体、多种字型及各种格式打印出来。目前常用的文字处理软件有

WPS、Microsoft Word 等。

2. 表格处理软件

表格处理软件主要处理各式各样的表格。它可以根据用户的要求自动生成各式各样的表格，表格中的数据可以输入也可以从数据库中取出。可根据用户给出的计算公式，完成复杂的表格计算，计算结果自动填入对应栏目里。如果修改了相关的原始数据，计算结果栏目中的结果数据也会自动更新，不需用户重新计算。目前常用的表格处理软件有 Microsoft 公司的 Excel 等。

3. 辅助设计软件

辅助设计软件能高效率地绘制、修改、输出工程图纸。设计中的常规计算帮助设计人员寻找较好的方案。设计周期大幅度缩短，而设计质量却大为提高。应用该技术使设计人员从繁重的绘图设计中解脱出来，使设计工作计算机化。目前常用的软件有 AutoCAD、印刷电路板设计系统等。

1.6 计算机性能指标

衡量计算机性能的好坏，通常有下列几项主要技术指标。

1.6.1 CPU 主频

主频是描述计算机运算速度最重要的一个指标。通常所说的计算机运算速度是指计算机在每秒钟所能执行的指令条数，即中央处理器在单位时间内平均"运行"的次数，其速度单位为兆赫兹或吉赫兹。

1.6.2 字长

一般来说，计算机在同一时间内处理的一组二进制数称为一个计算机的"字"，而这组二进制数的位数就是"字长"。在其他指标相同的情况下，字长越长，计算机处理数据的速度就越快。

1.6.3 内存储器的容量

内存容量是 CPU 可以直接访问的存储器，需要执行的程序与需要处理的数据就是存放在主存中的。内存的性能指标主要包括存储容量和存取速度。

1B=8bit

1KB=1024B

1MB=1024KB

1GB=1024MB

1TB=1024GB

1PB=1024TB

1.6.4 外存储器

通常是指硬盘容量。外存储器容量越大，可存储的信息就越多，可安装的应用软件就越丰富。

除了上述 4 个主要技术指标外，还有其他一些因素，也对微机的性能起重要作用，它们有：

（1）可靠性：是指微型计算机系统平均无故障工作时间。无故障工作时间越长，系统就越可靠。

（2）可维护性：是指微机的维修效率，通常用故障平均排除时间来表示。

（3）可用性：是指微机系统的使用效率，可以用系统在执行任务的任意时刻所能正常工作的概率来表示。

（4）兼容性：兼容性强的微机，有利于推广应用。

（5）性能价格比：这是一项综合性评估微机系统的性能指标。性能包括硬件和软件的综合性能，价格是整个微机系统的价格，与系统的配置有关。

1.7 习题

1．一个完整的计算机系统由哪几个部分组成？它们分别包含哪些主要部件？
2．计算机的工作过程是怎样的？
3．系统软件分为哪几类？它们分别有哪些主要功能？
4．衡量计算机性能的指标有哪几项？怎样评判？

2

计算机的硬件系统

- 了解计算机硬件系统的组成
- 了解各硬件的性能指标参数

- 计算机各硬件的组成结构
- 计算机各硬件的性能指标参数

2.1 CPU

2.1.1 CPU 概述

中央处理器（Central Processing Unit，CPU），计算机的主要设备之一，它也被称为微处理器（Microprocessor），或者直接称为处理器（Processor）。CPU 是一块超大规模的集成电路，其功能主要是解释计算机指令以及处理计算机软件中的数据，是一台计算机的运算核心和控制核心。计算机的可编程性主要是指对 CPU 的编程。CPU 主要包括运算器（ALU, Arithmetic Logic Unit）和高速缓冲存储器（Cache）及实现它们之间联系的数据（Data）、控制及状态的总线（Bus）。它与内部存储器（Memory）和输入/输出设备（I/O）是计算机的三大核心部件，其中 CPU 更是计算机核心中的核心,其重要性好比心脏对于人一样。

2.1.2 CPU 的发展历史

计算机的发展主要表现在其核心部件——微处理器的发展上,每当一款新型的微处理器出现时,就会带动计算机系统的其他部件的相应发展,如计算机体系结构的进一步优化,存储器存取容量的不断增大、存取速度的不断提高,外围设备的不断改进以及新设备的不断出现等。根据微处理器的字长和功能,可将其发展划分为以下几个阶段。

第 1 阶段(1971~1973 年)是 4 位和 8 位低档微处理器时代,通常称为第 1 代,其典型产品是 Intel 4004 和 Intel 8008 微处理器和分别由它们组成的 MCS-4 和 MCS-8 微机。基本特点是采用 PMOS 工艺,集成度低(4000 个晶体管/片),系统结构和指令系统都比较简单,主要采用机器语言或简单的汇编语言,指令数目较少(20 多条指令),基本指令周期为 20~50μs,用于简单的控制场合。

第 2 阶段(1974~1977 年)是 8 位中高档微处理器时代,通常称为第 2 代,其典型产品是 Intel 8080/8085、Motorola 公司、Zilog 公司的 Z80 等。它们的特点是采用 NMOS 工艺,集成度提高约 4 倍,运算速度提高约 10~15 倍(基本指令执行时间 1~2μs)。指令系统比较完善,具有典型的计算机体系结构和中断、DMA 等控制功能。软件方面除了汇编语言外,还有 BASIC、FORTRAN 等高级语言和相应的解释程序和编译程序,在后期还出现了操作系统。

第 3 阶段(1978~1984 年)是 16 位微处理器时代,通常称为第 3 代,其典型产品是 Intel 公司的 8086/8088、Motorola 公司的 M68000、Zilog 公司的 Z8000 等微处理器。其特点是采用 HMOS 工艺,集成度(20000~70000 晶体管/片)和运算速度(基本指令执行时间是 0.5μs)都比第 2 代提高了一个数量级。指令系统更加丰富、完善,采用多级中断、多种寻址方式、段式存储机构、硬件乘除部件,并配置了软件系统。

第 4 阶段(1985~1992 年)是 32 位微处理器时代,又称为第 4 代。其典型产品是 Intel 公司的 80386/80486,Motorola 公司的 M69030/68040 等。其特点是采用 HMOS 或 CMOS 工艺,集成度高达 100 万个晶体管/片,具有 32 位地址线和 32 位数据总线。每秒钟可完成 600 万条指令。微型计算机的功能已经达到甚至超过超级小型计算机,完全可以胜任多任务、多用户的作业。

第 5 阶段(1993~2005 年)是奔腾(pentium)系列微处理器时代,通常称为第 5 代。典型产品是 Intel 公司的奔腾系列芯片及与之兼容的 AMD 的 K6、K7 系列微处理器芯片。内部采用了超标量指令流水线结构,并具有相互独立的指令和数据高速缓存。随着 MMX(Multi Media eXtended)微处理器的出现,使微机的发展在网络化、多媒体化和智能化等方面跨上了更高的台阶。

第 6 阶段(2005 年至今)是酷睿(core)系列微处理器时代,通常称为第 6 代。"酷睿"是一款领先节能的新型微架构,设计的出发点是提供卓然出众的性能和能效,提高每瓦特性能,也就是所谓的能效比。

2.1.3 CPU 的主要性能参数

计算机的性能在很大程度上由 CPU 的性能决定,而 CPU 的性能主要体现在其运行程序的速度上。影响运行速度的性能指标包括 CPU 的工作频率、Cache 容量、指令系统和逻辑结构等参数。

下面以"Intel 酷睿 i7 3960X 至尊版"的参数表(如表 2-1 所示)为例来介绍 CPU 的各个参数。

表 2-1　Intel 酷睿 i7 3960X 至尊版参数表

	详细参数
基本参数	适用类型:台式机 CPU 系列:酷睿 i7 至尊版
CPU 频率	CPU 主频:3.3GHz 纠错 倍频:36 倍
CPU 插槽	插槽类型:LGA 2011 纠错 针脚数目:2011pin
CPU 内核	核心代号:Sandy Bridge-E CPU 架构:Sandy Bridge 核心数量:六核心 制作工艺:32 纳米 热设计功耗(TDP):130W 内核电压:0.6～1.35V
CPU 缓存	一级缓存:6×64KB 二级缓存:6×256KB 三级缓存:15MB
技术参数	指令集:MMX,SSE(1,2,3,3S,4.1,4.2),EM64T,VT-x,AES,AVX 内存控制器:DDR3-1066/1333/1600 支持最大内存:64GB 超线程技术:支持

(1)适用类型:是指该处理器所适用的应用类型,针对不同用户的不同需求、不同应用范围,CPU 被设计成各不相同的类型,即分为嵌入式、通用式、微控制式。嵌入式 CPU 主要用于运行面向特定领域的专用程序,配备轻量级操作系统,其应用极其广泛,像移动电话、DVD、机顶盒等都是使用嵌入式 CPU。微控制式 CPU 主要用于汽车空调、自动机械等自控设备领域。而通用式 CPU 追求高性能,主要用于高性能个人计算机系统(即 PC 台式机)、服务器(工作站)以及笔记本三种。台式机的 CPU,就是平常大部分场合所提到的应用于 PC 的CPU,平常所说 Intel 的酷睿、AMD 的 APU 等都属于此类 CPU。在选购整机尤其是有特定功能的计算机(如笔记本、服务器等)时,需要注意 CPU 的适用类型,选用的 CPU 类型不适合,

Chapter 2

一方面会影响整机的系统性能，另一方面会加大计算机的维护成本。单独选购 CPU 时也要注意 CPU 的适用类型，建议按照具体应用的需求来购买 CPU。

（2）CPU 系列：CPU 厂商会根据 CPU 产品的市场定位来给属于同一系列的 CPU 产品确定一个系列型号以便于分类和管理，一般而言系列型号可以说是用于区分 CPU 性能的重要标识。比如示例中的"酷睿 i7"就是指 Intel 的酷睿 i7 系列。目前流行的 CPU 系列有酷睿 i7、酷睿 i5、酷睿 i3、奔腾双核、APU A10、APU A8、APU A6、APU A4、推土机 FX、酷睿 2 双核、凌动、羿龙 II、速龙 II、速龙、闪龙等。

（3）CPU 主频：也就是 CPU 的时钟频率，简单地说也就是 CPU 的工作频率。如示例中的 3.3GHz 指的就是一个时钟周期内完成 3300Mhz 指令数。很多人认为 CPU 的主频就是其运行速度，其实不然。CPU 的主频表示在 CPU 内数字脉冲信号震荡的速度，与 CPU 实际的运算能力并没有直接关系。主频和实际的运算速度存在一定的关系，但目前还没有一个确定的公式能够定量两者的数值关系，因为 CPU 的运算速度还要看 CPU 流水线各方面的性能指标（缓存、指令集、CPU 的位数等）。由于主频并不直接代表运算速度，所以在一定情况下，很可能会出现主频较高的 CPU 实际运算速度较低的现象。

（4）CPU 倍频：CPU 的核心工作频率与外频之间存在着一个比值关系，这个比值就是倍频系数，简称倍频。原先并没有倍频概念，CPU 的主频和系统总线的速度是一样的，但 CPU 的速度越来越快，倍频技术也就应运而生。它可使系统总线工作在相对较低的频率上，而 CPU 速度可以通过倍频来无限提升。那么 CPU 主频的计算方式变为：主频 = 外频 × 倍频。即倍频是指 CPU 和系统总线之间相差的倍数，当外频不变时，提高倍频，CPU 主频也就越高。一个 CPU 默认的倍频只有一个，主板必须能支持这个倍频。因此在选购主板和 CPU 时必须注意这点，如果两者不匹配，系统就无法工作。此外，现在 CPU 的倍频很多已经被锁定，无法修改。

（5）CPU 接口类型：CPU 需要通过某个接口与主板连接才能进行工作。CPU 经过多年的发展，采用的接口方式有引脚式、卡式、触点式、针脚式等。而目前 CPU 的接口都是针脚式接口，对应到主板上就有相应的插槽类型。CPU 接口类型不同，其插孔数、体积、形状都有变化，所以不能互相接插。当前常用的插槽类型有：LGA 2011、LGA 1366、LGA 1156、LGA 1155、LGA 1150、LGA 775、Socket FM2、Socket FM2+、Socket FM1、Socket AM3 等。

（6）CPU 核心类型：核心（Core）又称为内核，是 CPU 最重要的组成部分。CPU 中心那块隆起的芯片就是核心，是由单晶硅以一定的生产工艺制造出来的，CPU 所有的计算、接收/存储命令、处理数据都由核心执行。各种 CPU 核心都具有固定的逻辑结构，一级缓存、二级缓存、执行单元、指令级单元和总线接口等逻辑单元都会有科学的布局。为了便于 CPU 设计、生产、销售的管理，CPU 制造商会对各种 CPU 核心给出相应的代号，这也就是所谓的 CPU 核心类型。在 CPU 漫长的历史中伴随着纷繁复杂的 CPU 核心类型。

（7）CPU 制作工艺：制造工艺是指 IC 内电路与电路之间的距离。制造工艺的趋势是向密集度高的方向发展。密度愈高的 IC 电路设计，意味着在同样大小面积的 IC 中，可以拥有密度更高、功能更复杂的电路设计。微电子技术的发展与进步，主要是靠工艺技术的不断改进，使得器件的特征尺寸不断缩小，从而集成度不断提高，功耗降低，器件性能得到提高。目前主要的工艺有 180nm、130nm、90nm、65nm、45nm、22nm。

（8）CPU 的工作电压：指 CPU 正常工作所需的电压。任何电器在工作的时候都需要电，自然也有对应额定电压，CPU 也不例外。目前 CPU 的工作电压有一个非常明显的下降趋势，采用低电压能使 CPU 总功耗降低，使 CPU 发热量减少，还能帮助 CPU 主频上升。

（9）CPU 缓存：缓存大小也是 CPU 的重要指标之一，而且缓存的结构和大小对 CPU 速度的影响非常大。CPU 内缓存的运行频率极高，一般是和处理器同频运作，工作效率远远大于系统内存和硬盘。实际工作时，CPU 往往需要重复读取同样的数据块，而缓存容量的增大，可以大幅度提升 CPU 内部读取数据的命中率，而不用再到内存或者硬盘上寻找，以此提高系统性能。但是由于 CPU 芯片面积和成本的因素来考虑，缓存都很小。

一级缓存（L1 Cache）是 CPU 第一层高速缓存，分为数据缓存和指令缓存。内置的 L1 高速缓存的容量和结构对 CPU 的性能影响较大，不过高速缓冲存储器均由静态 RAM 组成，结构较复杂，在 CPU 管芯面积不能太大的情况下，L1 级高速缓存的容量不可能做得太大。一般服务器 CPU 的 L1 缓存的容量通常在 32KB～256KB。

二级缓存（L2 Cache）是 CPU 的第二层高速缓存，分内部和外部两种芯片。内部的芯片二级缓存运行速度与主频相同，而外部的二级缓存则只有主频的一半。L2 高速缓存容量也会影响 CPU 的性能，原则是越大越好，以前家庭用 CPU 容量最大的是 512KB，笔记本电脑中也可以达到 2M，而服务器和工作站上用 CPU 的 L2 高速缓存更高，可以达到 8M 以上。

三级缓存（L3 Cache），分为两种，早期的是外置，内存延迟，同时提升大数据量计算时处理器的性能。降低内存延迟和提升大数据量计算能力对游戏很有帮助。而在服务器领域增加 L3 缓存在性能方面仍然有显著的提升。比如具有较大 L3 缓存的配置利用物理内存会更有效，故比较慢的磁盘 I/O 子系统可以处理更多的数据请求。具有较大 L3 缓存的处理器提供更有效的文件系统缓存行为及较短消息和处理器队列长度。

（10）CPU 指令集：CPU 依靠指令来计算和控制系统，每款 CPU 在设计时就规定了一系列与其硬件电路相配合的指令系统。指令的强弱也是 CPU 的重要指标，指令集是提高微处理器效率的最有效工具之一。从现阶段的主流体系结构讲，指令集可分为复杂指令集和精简指令集两部分，而从具体运用看，如 Intel 的 MMX（Multi Media eXtended）、SSE、SSE2（Streaming-Single instruction multiple data-Extensions 2）和 AMD 的 3D Now!等都是 CPU 的扩展指令集，分别增强了 CPU 的多媒体、图形图像和 Internet 等的处理能力。通常把 CPU 的扩展指令集称为"CPU 的指令集"。

2.2　主板

主板（Mainboard），又叫母板（Motherboard）、系统板（Systemboard）等，是构成计算机

的主电路板，是计算机最基本和最重要的部件之一。主板一般是一个矩形的电路板，上面布满了各种电子元器件、插槽和各种接口等。通过主板可以将 CPU、内存、显卡等几乎所有的计算机部件连接在一起，并协调所有部件工作。

2.2.1　主板概述

主板将计算机各个部件联系到一起，形成一个有机的整体。因此计算机是否稳定工作的首要条件就是主板是否稳定工作。主板采用开发式的结构，它上面一般有 6～8 个扩展插槽，供计算机的各个组成部件（如显卡、声卡等）插接，这样就可以通过更换各个组件对计算机进行局部升级。总之，主板在整个计算机系统中扮演着重要的角色，主板的性能影响整台计算机的性能，主板的档次决定整台计算机的档次。

一般来说，主板由以下几个部分组成：CPU 插槽、内存插槽、高速缓存局域总线和扩展总线硬盘、软驱、串口、并口等外设接口时钟和 CMOS 主板 BIOS 控制芯片。在电路板下面，是错落有致的电路布线；在上面，则为棱角分明的各个部件，如插槽、芯片、电阻、电容等。当主机加电时，电流会在瞬间通过 CPU、南北桥芯片、内存插槽、AGP 插槽、PCI 插槽、IDE 接口以及主板边缘的串口、并口、PS/2 接口等。随后，主板会根据 BIOS（基本输入输出系统）来识别硬件，并进入操作系统发挥出支撑系统平台工作的功能。

2.2.2　主板的结构

所谓主板结构就是根据主板上各元器件的布局排列方式、尺寸大小、形状、所使用的电源规格等制定出的通用标准，所有主板厂商都必须遵循。由于主板是电脑中各种设备的连接载体，而这些设备是各不相同的，而且主板本身也有芯片组、各种 I/O 控制芯片、扩展插槽、扩展接口、电源插座等元器件，因此制定一个标准以协调各种设备的关系是必须的，如图 2-1 所示。

主板结构分为 AT、Baby-AT、ATX、Micro ATX、LPX、NLX、Flex ATX、EATX、WATX 以及 BTX 等结构。其中，AT 和 Baby-AT 是多年前的老主板结构，现在已经淘汰；而 LPX、NLX、Flex ATX 则是 ATX 的变种，多见于国外的品牌机，国内尚不多见；EATX 和 WATX 则多用于服务器/工作站主板；ATX 是目前市场上最常见的主板结构，扩展插槽较多，PCI 插槽数量在 4～6 个，大多数主板都采用此结构；Micro ATX 又称 Mini ATX，是 ATX 结构的简化版，就是常说的"小板"，扩展插槽较少，PCI 插槽数量在 3 个或 3 个以下，多用于品牌机并配备小型机箱；而 BTX 则是英特尔制定的最新一代主板结构。

（1）CPU 插槽：是主板上最显眼的插槽，其颜色一般为白色，上面布满了一个个的"针孔"或"触脚"，而且边上还有一个拉杆，对应 CPU 的接口方式。

（2）内存插槽：一般位于 CPU 插槽的旁边，它是板上必不可少的插槽，前且每块主板都有两到三个内存插槽。目前的主流内存有 3 种，而这 3 种内存条的引脚、工作电压、性能都不相同。因此与之配套的内存插槽也不尽相同。从外观上来看主要是长度、隔断有很大的区别，其中 SDRAM 与 DDR SDRAM 的插槽长度一样，但 SDRAM 有两个隔断，而 DDR 只有一个隔断。至于 RDRAM 插槽，其隔断也有两个，但两个都位于插槽中央，左右是对称的。

图 2-1　主板

提示：DDR-2 是由 JEDEC（电子元件工业联合会）制定的内存标准。工业标准的内存通常指的是符合 JEDEC 标准的一组内存。JEDEC 定义的全新的下一代 DDR 内存技术标准，在 Intel 的 BTX 规格的代号 ALDERWOOD 的 I915P 芯片组和代号 GRANTSDALE 的 I925 芯片组中被完全支持。

（3）总线扩展槽：在主板上占用面积最大的部件就是总线扩展槽。用于扩展电脑功能的插槽通常称为 I/O 插槽，大部分主板都有 1～8 个扩展槽。扩展槽是总线的延伸，也是总线的物理体现。在它上面可以插入任意的标准元件，如显卡、声卡、网卡、多功能卡等。

（4）BIOS 芯片：中文意思是"基本输入输出系统"。需要注意的是，BIOS 实际上是电脑中最底层的一种程序，它一般固化在一块 ROM 芯片中。这块芯片包含了系统启动程序，基本的硬件接口设备驱动程序。BIOS 为电脑提供最低级的、最直接的硬件控制，电脑的原始操作都是依照固化在 BIOS 中的程序来完成的。当系统启动时，BIOS 进行通电自检，检查系统基本部件，然后系统启动程序将系统的配置参数写入 CMOS 中。

（5）芯片组：主流芯片组主要分支持 Intel 公司 CPU 芯片组和支持 AMD 公司 CPU 的芯片组两种。主板芯片组是主板的灵魂与核心，芯片组性能的优劣，决定了主板性能的好坏与级别的高低。CPU 是整个电脑系统的控制运行中心，而主板芯片组的作用不仅要支持 CPU 的工作，也要控制协调整个系统的正常运行。

（6）软硬盘接口：硬盘的接口技术非常多，最多的是 IDE 接口。一般主板上有两个 IDE 接口，有些主板的 IDE2 为白色，IDE1 为另外一种颜色，以方便用户识别。当我们在 IDE 接口上分别接一个硬盘时，接在 IDE1 接口上的硬盘为主盘，接在 IDE 接口上的硬盘为从盘。假设两个硬盘以前都安装有操作系统，这时如果启动电脑，电脑将从主盘寻找系统启动，即从接在 IDE1 接口上的硬盘启动操作系统。每个 IDE 接口都可以接两个 IDE 设备，如果在一个 IDE 接口上接两个硬盘，必须用硬盘跳线设置一个硬盘为主盘，一个为从盘，不然将无法启动。

SCSI 接口是一种与 IDE 完全不同的接口，它不是专门为硬盘设计的，而是一种总线型的系统接口。每个 SCSI 总线上可以连接包括 SCSI 近两年在内的 8 个 SCSI 设备。SCSI 的优势在于支持多种设备，独立的总线使得它对 CPU 的占用率很低，传输速率比 ATA 接口快得多，但同时价格也很高，因此也决定了其普及程度远不如 IDE，只能在高档的电脑设备中出现；串行 ATA 接口，它一改以往 ATA 标准的并行数据传输方式，而是以连续串行的方式传送数据。这样在同一时间点内只会有 1 位数据传输，此做法能减小接口的针脚数目，用 4 个针就完成了所有的工作，相比 ATA 接口标准的 80 芯数据线来说，其数据线显得更加趋于标准化。

Fibre Channel 接口，它是一种跟 SCSI 或 IDE 有很大不同的接口，以前它是专为网络设计的，常见于高档交换机或者网卡中，但后来随着存储器对高带宽的需求，慢移植到现在的存储系统上来。

USB 接口，即串行总线，它是一种应用最为普遍的设备接口，不仅应用于硬盘驱动器，打印机、扫描仪、数码相机等设备现在几乎也普遍采用 USB 接口。

2.2.3　主板的性能指标

1. 支持 CPU 的类型与频率范围

CPU 插座类型的不同是区分主板类型的主要标志之一，尽管主板型号众多，但总的结构是很类似的，只是在诸如 CPU 插座等细节上有所不同，现在市面上主流的主板 CPU 插槽的不同分 Socket 370，Socket A，Socket 478，Slot 1 和 Slot A 等几类，它们分别与对应的 CPU 搭配。

CPU 只有在相应主板的支持下才能达到其额定频率，CPU 主频等于其外频乘以倍频，CPU 的外频由其自身决定，而由于技术的限制，主板支持的倍频是有限的，这样，就使得其支持的 CPU 最高主频也受限制。另外，现在的一些高端产品，出于稳定性的考虑，也限制了其支持的 CPU 的主频，比如现支持雷鸟的一些主板就是这样。

2. 对内存的支持

内存插槽的类型表现了主板所支持的也即决定了所能采用的内存类型，插槽的线数与内存条的引脚数一一对应。内存插柄一般有 2～4 插槽，表现了其不同程度的扩展性。另外，对于用 SDRAM 内存的插槽而言，即使有四个插槽，DIMM3 和 DIMM4 也共用一个通道。因此在插满内存条的时候，DIMM3 和 DIMM4 要求必须是单面内存且容量相同，否则计算机将无法识别。

3. 对显示卡的支持

主板上的 AGP 插槽是应用于显示卡的专用插槽。AGP 不是一种总线，它是一种接口规范，可以使显示数据不经过 PCI 总路线，直接送入显示子系统。这样就能突破由于 PCI 总线形成的系统瓶颈，从而达到高性能 3D 图形的描绘功能。AGP 标准可以让显卡通过专用的 AGP 接口调用系统主内存做到显示内存，从而大大提高了显示数据的传输速率，目前主板的 AGP 工作模式主要是 AGP4X，其对应的传输速率为 1064MB/S，随着显示性能的迅速提高，其功耗逐渐增大，并且对稳定性也有了更高的要求，两年前提出的 AGP PRO 插槽标准现在开始普及了起来。AGP PRO 要求显示卡通过 AGP 插槽能得到独立的 3.3V 供电，并且通过像 DIMM 槽一样的卡子获得更牢固的固定方式。从外观上看，AGP PRO 插槽比传统的 AGP 槽在尾部长出一小段，并且有固定用的卡子，这比较容易辨认，AGP PRO 插槽兼容传统 AGP 接口的显示卡。对于采用 i815、sis630/730、VIA KM133 等芯片组整合了显示功能的主板，是否提供额外的 AGP 插槽也是其一项重要的指标，没有 AGP 插槽就几乎等于失去了升级显示卡的可能，对显示系统有较高要求的用户，不适宜采用这种主板。

4. 对硬盘与光驱的支持

主板上的 IDE 接口是用于连接 IDE 硬盘和 IDE 光驱的，IDE 接口为 40 针和 80 针双排插座，主板上都至少有两个 IDE 设备接口，分别标注 IDE1 或者说 primary IDEt 和 IDE2 或者 secomdary IDE。

5. 扩展性能与外围接口

除了 AGP 插槽和 DIMM 插槽外，主板上还有 PCI、AMR、CNR、ISA 等扩展槽标志了主板的扩展性能。PCI 是目前用于设备扩展的主要接口标准，声卡、网卡、内置 Modem 等设备主要都接在 PCI 插槽上，主板上一般设有 2~5 条 PCI 插槽不等，且采用 MircoATX 板型的主板上的扩展槽一般少于标准 ATX 板上扩展的数量，一般家庭用户可能需要一个 PCI 槽接声卡，另一个接内置 Modem 或网卡，再考虑以后的升级需要，三个 PCI 插槽可能是最低的要求。

6. BIOS 技术

BIOS 是集成在主板 CMOS 芯片中的软件，主板上的这块 CMOS 芯片保存有计算机系统最重要的基本输入输出程序、系统 CMOS 设置、开机上电自检程序和系统启动程序。现在市场上的主板使用的主要是 Award、AMI、phoenix 几种 BIOS。早期主板上的 BIOS 采用 EPROM 芯片，一般用户无法更新版本，后来采用了 Flash ROM，用户可以更改其中的内容以便随时升级，但是这使得 BIOS 容易受到病毒的攻击，而 BIOS 一旦受到攻击，主板将不能工作，于是各大主板厂商对 BIOS 采用了种种防毒的保护措施，在主板选购上应该考虑到 BIOS 能否方便地升级，是否具有优良的防病毒功能。

2.2.4　主板的选购

在了解了主板的结构与性能指标之后，下面我们来看看主板选购的一些原则。

1. 用户需求

用户在选择好了 CPU 的型号后就可以选择相应的主板进行搭配，主板接口要与 CPU 接口匹配才行。对于 Intel 处理器，目前主流的主板是 8 系列，分为 H81、B85、H87 和 Z87 四款。

H81 作为最入门级的产品，最大的缺点是只有两条内存插槽，但已经标配原生 SATA3.0 和 USB3.0，加上目前渐趋合理的价格，值得入门用户考虑，尤其适合搭配赛扬 G、奔腾 G。B85 相对于 H81 规格更完善，价格也比较低廉，入门和主流用户都可以考虑。H87 规格相比 B85 更强，用料一般也更好，并带来了智能响应等功能，因此适合追求用料和功能的中高端用户。而 Z87 就是集大成者，最好的用料、最全的功能，供预算充裕的中高端用户选择。

而 AMD 方面，目前市面有 A55、A75、A85X、A78、A88X 一共五款，其中除了 A88X 和 A78 是 FM2+接口，其他都可能是 FM2 接口或者 FM1 接口，用户需要搜索具体的产品型号才能确定其采用的接口。

2．品牌及售后服务

主板是一种高科技、高工艺融为一体的集成产品，因此作为选购者来说，应首先考虑"品牌"。品牌决定产品的品质，品牌的产品有一个有实力的厂商做后盾、做支持；一个有实力的主板厂商，为了推出自己的品牌的主板，从产品的设计开始，选料筛选、工艺控制、品管测试，到包装运送都要经过十分严格的把关。这样一个有品牌做保证的主板，对电脑系统的稳定运行提供了牢固的保障。

目前国内市场上有二三十种品牌的主板，有时用户也不清楚所购买的主板是否有良好的售后服务。有的品牌的主板甚至连公司网址都没有标明，购买后，连最起码的 BIOS 的更新服务都没有。因此，虽说这些主板的价格很低，但一旦出了问题，用户往往只好自认倒霉。所以，无论选择何种档次的主板，在购买前都要认真考虑厂商的售后服务。如厂商能否提供完善的质保服务，包括产品售出时的质保卡、承诺产品的保换时间的长短、产品的本地化工作如何（包括提供详细的中文说明书）、配件提供是否完整等。

3．系统性能指标及附加功能

对于性能指标的考察是选择主板的关键。主板对 CPU 电压、外频、倍频的支持范围，在运行大量高级程序或不同超频状态下的稳定性等，都与整台电脑的性能休戚相关。至于如何做出判断，技嘉科技认为用户可以通过权威专业媒体的评测数据、相关著名网站的评测推荐，以及朋友同事们的使用感受等方面来了解相关情况，也可以通过观察主板的做工、用料、板面布局做出大致判断。

同时一些附加功能如 CPU 温度监测、防病毒体系等软硬件安全保护措施、多级电源管理功能、各种方便的开机方式、管理的智能化程度、散热性能等都是用户在选择主板时所要考虑的。

4．性价比

价格是用户最关心的因素之一。不同产品的价格和该产品的市场定位有密切的关系，大厂商的产品往往性能好一些，价格也就贵一些。有的产品用料比较差，成本和价格也就可以更低一些。用户应该按照自己的需要考察最好的性能价格比，完全抛开价格因素而比较不同产品的性能、质量或者功能是不合理的。

用户在追求最佳购买经济性时，应分两个层面实施。一是明确应用要求，经济性不等同于价格低，首先要做到所选即所需；二是在明确购买档次之后捕捉购买时机和争取最经济的价格。如果要做升级，就应选择扩展性好、性能出众的主板；如果只是要求够用、好用就行，那么可以考虑选择性价比出众的整合型主板，以减小总体开支；而如果系统要求前卫，对速度、稳定、系统安全，要求近乎苛刻，那就不要因为主板丝毫的硬件缺憾影响系统完美表现，高性能主板才是最经济的选择。对于同一档次的产品，主板品牌、芯片组品牌与级别、功能集成度是影响价格的主要因素。

5. 稳定和可靠

一般来说，稳定性和可靠性与不同厂商的设计水平、制作工艺、选用的元器件质量等有非常大的关系，但是它很难精确测定，常用的测试方法有三种：①负荷测试：是指在主机板上尽可能多地加入外部设备，例如插满内存，使用可用的频率最高的 CPU 等。在重负荷情况下，主机板功率消耗和发热量均增大，主机板如果有稳定性和可靠性方面的问题比较容易暴露。②烧机测试：是让主机板长时间运行，看看系统是否能持续稳定运行。③物理环境下的测试：可以改变环境变量包括温度、湿度、振动等考察主板在不同环境下的表现。

6. 兼容性与可升级扩充性

对兼容性的考察有其特殊性，因为它很可能并不是主板的品质问题。例如，有时主板不能使用某个功能卡或者外设，可能是卡或者外设的本身设计就有缺陷。不过从另一个方面看，兼容性问题基本上是简单的有和没有，而且一般通过更换其他硬件也可以解决。对于自己动手组装（DIY）电脑的用户来说，兼容性是必须考虑的因素，如果用户请装机商来组装的话就不容易碰到。

同时在购买主板的时候还需要考虑电脑和主板将来升级扩展的能力，尤其扩充内存和增加扩展卡最为常见，还有升级 CPU，一般主板插槽越多，扩展能力就越好，不过价格也更贵。

2.3 内存

2.3.1 内存概述

计算机存储器（Computer memory）是一种利用半导体技术做成的电子设备，用来存储数据。电子电路的数据是以二进制的方式存储，存储器的每一个存储单元称做记忆元，如图 2-2 所示。

图 2-2 内存

2.3.2 内存性能指标

（1）存储容量：即一根内存条可以容纳的二进制信息量，如 168 线内存条的存储容量一般多为 32 兆、64 兆和 128 兆。而 DDR3 普遍为 1GB 到 8GB。内存容量越大，电脑的速度就越快（其他配件不变的前提下），所以内存容量是多多益善，但要受到主板支持最大容量的限制。

内存存储容量的换算公式为（基本单位是 Byte）：

$1KB=1024B=2^{10}B$

$1MB=1024KB=2^{20}B=1048576B$

$1GB=1024MB=2^{30}B=1073741824B$

（2）存取速度（存储周期）：即两次独立的存取操作之间所需的最短时间，又称为存储周期，半导体存储器的存取周期一般为 60 纳秒至 100 纳秒。

（3）CAS 延迟时间（CAS latency，CL）：是指内存纵向地址脉冲的反应时间，是在一定频率下衡量不同规范内存的重要标志之一。对于 PC1600 和 PC2100 的内存来说，其规定的 CL 应该为 2，即读取数据的延迟时间是两个时钟周期。也就是说它必须在 CL=2R 的情况下稳定工作在其工作频率中。

注意：在购买内存时，最好选择同样 CL 设置的内存，因为不同速度的内存混插在系统内，系统会以较慢的速度来运行，也就是当 CL2.5 和 CL2 的内存同时插在主机内时，系统会自动让两条内存都工作在 CL2.5 的状态，造成资源浪费。

（4）SPD 芯片：SPD 是一个 8 针 256 字节的 EEPROM（可电擦写可编程只读存储器）芯片。位置一般处在内存条正面的右侧，里面记录了诸如内存的速度、容量、电压与行列地址、带宽等参数信息。当开机时，计算机的 BIOS 将自动读取 SPD 中记录的信息。

（5）奇偶校验：奇偶校验就是内存每一个字节外又额外增加了一位作为错误检测之用。当 CPU 返回读取储存的数据时，它会再次相加前 8 位中存储的数据，计算结果是否与校验位相一致。当 CPU 发现二者不同时就会自动处理。

（6）内存带宽：从内存的功能上来看，可以将内存看作是内存控制器（一般位于北桥芯片中）与 CPU 之间的桥梁或仓库。显然，内存的存储容量决定"仓库"的大小，而内存的带宽决定"桥梁的宽窄"，两者缺一不可。

提示：内存带宽的确定方式为：B 表示带宽，F 表示存储器时钟频率，D 表示存储器数据总线位数，则带宽 $B=F \times D/8$。如：

常见 100MHz 的 SDRAM 内存的带宽=100MHz×64bit/8=800MB/秒；

常见 133MHz 的 SDRAM 内存的带宽=133MHz×64bit/8=1064MB/秒。

2.3.3 内存的选购

购买内存时需要注意以下几点。

1. 做工

拿到一条内存，首先要看的是 PCB 板的大小、颜色以及板材的厚度等。在这里板材的厚度（即内存条是采用四层板、六层板还是八层板）对其性能起着重要的作用。一般来说，如果内存条使用四层板，那么其 VCC、Ground（接地线）和正常的信号线就得布置在一起，这样内存条在工作过程中由于信号干扰所产生的杂波就会很大，有时会产生不稳定现象。而使用六层板或者八层板设计的内存条 VCC 线和 Ground 线可以各自独占一层，相应的干扰就会小得多。

在内存 PCB 设计中，除了要使用好的 PCB 板外，还有两个因素会影响内存条的好坏：一是布线（Layout），二是电阻的搭配。性能优良的主板、显卡都需要良好的布线，内存在这点上与它们是相通的。用于内存上的电阻一般有两种阻值：10Ω 和 22Ω。使用 10Ω 电阻的内存的信号很强，对主板兼容性较好，但与之带来的问题是其阻抗也很低，经常由于信号过强导致系统死机。而使用 22Ω 电阻的内存，优缺点与前者正好相反。但是有些内存厂商往往从成本考虑使用 10Ω 电阻。所以不能小看那几个不起眼的电阻，好内存必定有合适的电阻搭配。

内存"金手指"的优劣也直接影响着内存的兼容性甚至是稳定性。"金手指"是指 PCB 电路板下部的一排镀金触点，其主要作用就是传送内存与主板之间的所有信号。一般都是由铜组成，并用特殊工艺覆盖一层金，以保证不受氧化，保持良好的通透性。因为金的抗氧化性极强，而且传导性也很强，所以金手指上镀金的厚度越大，内存的性能就越出色，如图 2-3 所示。

图 2-3　"金手指"

另外内存难免被用户多次插拔，这些操作都会对"金手指"造成损耗，久而久之就会影响内存使用寿命，所以金手指厚度大在耐久和防损上有较大的优势，所以用户在挑选内存时可以稍微关注一下金手指的色泽与厚度。

2. 品牌

尽量选购大厂的内存条。现在名厂的内存条的价格基本上比杂牌内存要贵 30%，但如果用户不是很懂内存的行情，又想进行超频，那么选购大厂的内存条会给你一个质量的保证，在三包服务上也做得比较令人满意（像三星、现代、英飞凌、美光等）；另外在选购内存的时候，还得注意内存模块上印刷的文字一定要清晰，如果内存模块上的文字模糊不清或者有许多白点，那么这种内存很可能是经过打磨的内存条，购买时一定要十分留心。

3. 价格

由于内存价格都是非常透明的，在各大媒体网站上都有相应内存品牌的报价，相差只是
20～30 元，购买时不要为了这点钱而和商家斤斤计较，碰到特别便宜的内存条，要小心是否
是返修货，因为这些返修的产品通常都可以正常使用一段时间，过了保修期或者超频的时候就
会出现问题，频频死机也是十分正常的事情了。

2.4　显卡

2.4.1　显卡概述

显卡是电脑最基本的组成部分，它的作用是将主机的输出信息转换成字符、图形和颜色
等信息，传送到显示器上显示，是连接显示器和主机的重要元件，是人机对话的重要设备之一。
如图 2-4 所示，基本结构如下：

图 2-4　独立显卡

（1）GPU（类似于主板的 CPU）：全称是 Graphic Processing Unit，中文翻译为"图形处
理器"，也就是显示芯片，NVIDIA 公司在发布 GeForce 256 图形处理芯片时首先提出的概念。
GPU 使显卡减少了对 CPU 的依赖，尤其是在 3D 图形处理时。GPU 所采用的核心技术有硬件
T&L（几何转换和光照处理）、立方环境材质贴图和顶点混合、纹理压缩和凹凸映射贴图、双
重纹理四像素 256 位渲染引擎等，而硬件 T&L 技术可以说是 GPU 的标志。GPU 的生产主要
由 NVIDIA 与 AMD 两家厂商生产。

（2）显存（类似于主板的内存）：是显示内存的简称。其主要功能就是暂时储存显示芯
片要处理的数据和处理完毕的数据。图形核心的性能愈强，需要的显存也就越多。市面上的显
卡大部分采用的是 GDDR3 显存，现在最新的显卡则采用了性能更为出色的 GDDR4 或 GDDR5
显存。

（3）显卡 BIOS（类似于主板的 BIOS）：主要用于存放显示芯片与驱动程序之间的控制程序，另外还存有显示卡的型号、规格、生产厂家及出厂时间等信息。打开计算机时，通过显示 BIOS 内的一段控制程序，将这些信息反馈到屏幕上。

（4）显卡 PCB 板：它把显卡上的其他部件连接起来，功能类似主板。

2.4.2　显卡的性能指标

显卡的性能主要由显卡核心频率、显存位宽、显存频率、流处理器单元等组成。

（1）核心频率：是指显示核心的工作频率，其工作频率在一定程度上可以反映出显示核心的性能，但显卡的性能是由核心频率、流处理器单元、显存频率、显存位宽等多方面的情况所决定的，因此在显示核心不同的情况下，核心频率高并不代表此显卡性能强劲。比如 GTS250 的核心频率达到了 750MHz，要比 GTX260+的 576MHz 高，但在性能上 GTX260+绝对要强于 GTS250。在同样级别的芯片中，核心频率高的则性能要强一些。

（2）显存位宽：显存位宽是显存在一个时钟周期内所能传送数据的位数，位数越大则相同频率下所能传输的数据量越大。市场上的显卡显存位宽主要有 128 位、192 位、256 位几种。而显存带宽=显存频率×显存位宽/8，它代表显存的数据传输速度。在显存频率相当的情况下，显存位宽将决定显存带宽的大小。例如：同样显存频率为 500MHz 的 128 位和 256 位显存，它们的显存带宽分别为：128 位=500MHz×128/8=8GB/s；而 256 位=500MHz×256/8=16GB/s，是 128 位的 2 倍。显卡的显存是由一块块的显存芯片构成的，显存总位宽同样也是由显存颗粒的位宽组成。显存位宽=显存颗粒位宽×显存颗粒数。显存颗粒上都带有相关厂家的内存编号，可以去网上查找其编号，就能了解其位宽，再乘以显存颗粒数，就能得到显卡的位宽。其他规格相同的显卡，位宽越大性能越好。

（3）显存容量：其他参数相同的情况下容量越大越好，但比较显卡时不能只注意到显存选择显卡时显存容量只是参考之一，核心和带宽等因素更为重要，这些决定显卡的性能优先于显存容量。但必要容量的显存是必须的，因为在高分辨率高抗锯齿的情况下可能会出现显存不足的情况。目前市面显卡显存容量从 256MB～4GB 不等。

（4）显存频率：显存频率一定程度上反映着该显存的速度，以 MHz（兆赫兹）为单位，显存频率的高低和显存类型有非常大的关系。显存频率与显存时钟周期（显存速度）是相关的，二者成倒数关系，显存频率（MHz）=1/显存时钟周期（NS）×1000。如果是 SDRAM 显存，其时钟周期为 6ns，那么它的显存频率就为 1/6ns=166MHz；而对于 DDR SDRAM，其时钟周期为 6ns，那么它的显存频率就为 1/6ns=166MHz，但因为 DDR 在时钟上升期和下降期都进行数据传输，一个周期传输两次数据，相当于 SDRAM 频率的二倍。习惯上称呼的 DDR 频率是其等效频率，是在其实际工作频率上乘以 2 的等效频率。因此 6ns 的 DDR 显存，其显存频率为 1/6ns×2=333 MHz。

（5）流处理器单元：在 DX10 显卡出来以前，并没有"流处理器"这个说法。GPU 内部由"管线"构成，分为像素管线和顶点管线，它们的数目是固定的。简单来说，像素管线负责

3D 渲染，顶点管线主要负责 3D 建模，由于它们的数量是固定的，这就出现了一个问题，当某个游戏场景需要大量的 3D 建模而不需要太多的像素处理，就会造成顶点管线资源紧张而像素管线大量闲置，当然也有截然相反的另一种情况。这都会造成某些资源的不够和另一些资源的闲置浪费。在这样的情况下，人们在 DX10 时代首次提出了"统一渲染架构"，显卡取消了传统的"像素管线"和"顶点管线"，统一改为流处理器单元，它既可以进行顶点运算也可以进行像素运算，这样在不同的场景中，显卡就可以动态地分配进行顶点运算和像素运算的流处理器数量，达到资源的充分利用。流处理器单元的数量的多少已经成为了决定显卡性能高低的一个很重要的指标，NVIDIA 和 AMD 也在不断地增加显卡的流处理器数量使显卡的性能达到跳跃式增长。值得一提的是，N 卡和 A 卡 GPU 架构并不一样，对于流处理器数的分配也不一样，双方没有可比性。N 卡每个流处理器单元只包含 1 个流处理器，而 A 卡相当于每个流处理器单元里面含有 5 个流处理器。例如 HD4850 虽然是 800 个流处理器，其实只相当于 160 个流处理器单元，另外 A 卡流处理器频率与核心频率一致，这是为什么 9800GTX+只有 128 个流处理器，性能却与 HD4850 相当。

2.4.3　显卡的选购

（1）核芯显卡：它是 Intel 产品新一代图形处理核心，和以往的显卡设计不同，Intel 凭借其在处理器制程上的先进工艺以及新的架构设计，将图形核心与处理核心整合在同一块基板上，构成一颗完整的处理器。智能处理器架构这种设计上的整合大大缩减了处理核心、图形核心、内存及内存控制器间的数据周转时间，有效提升处理效能并大幅降低芯片组整体功耗，有助于缩小了核心组件的尺寸，为笔记本、一体机等产品的设计提供了更大选择空间。核芯显卡的优点：低功耗是核芯显卡的最主要优势，由于新的精简架构及整合设计，核芯显卡对整体能耗的控制更加优异，高效的处理性能大幅缩短了运算时间，进一步缩减了系统平台的能耗。高性能也是它的主要优势：核芯显卡拥有诸多优势技术，可以带来充足的图形处理能力，相较前一代产品其性能的进步十分明显。核芯显卡可支持 DX10/DX11、SM4.0、OpenGL2.0、以及全高清 Full HD MPEG2/H.264/VC-1 格式解码等技术，即将加入的性能动态调节更可大幅提升核芯显卡的处理能力，令其完全满足于普通用户的需求。核芯显卡的缺点：配置核芯显卡的 CPU 通常价格不高，同时低端核显难以胜任大型游戏。

（2）集成显卡：它是将显示芯片、显存及其相关电路都集成在主板上，与其融为一体的元件；集成显卡的显示芯片有单独的，但大部分都集成在主板的北桥芯片中；一些主板集成的显卡也在主板上单独安装了显存，但其容量较小，集成显卡的显示效果与处理性能相对较弱，不能对显卡进行硬件升级，但可以通过 CMOS 调节频率或刷入新 BIOS 文件实现软件升级来挖掘显示芯片的潜能。集成显卡的优点：是功耗低、发热量小、部分集成显卡的性能已经可以媲美入门级的独立显卡，所以不用花费额外的资金购买独立显卡。集成显卡的缺点：性能相对略低，且固化在主板或 CPU 上，本身无法更换，如果必须换，就只能换主板。

（3）独立显卡：它指将显示芯片、显存及其相关电路单独做在一块电路板上，自成一体而作为一块独立的板卡存在，它需占用主板的扩展插槽（ISA、PCI、AGP 或 PCI-E）。独立显卡的优点：单独安装有显存，一般不占用系统内存，在技术上也较集成显卡先进得多，但性能肯定不差于集成显卡，容易进行显卡的硬件升级。独立显卡的缺点：系统功耗有所加大，发热量也较大，需额外花费购买显卡的资金，同时（特别是对笔记本电脑）占用更多空间。由于显卡性能的不同对于显卡要求也不一样，独立显卡实际分为两类，一类专门为游戏设计的娱乐显卡，一类则是用于绘图和 3D 渲染的专业显卡。

2.5　声卡

2.5.1　声卡概述

声卡（Sound Card）也叫音频卡：声卡是多媒体技术中最基本的组成部分，是实现声波/数字信号相互转换的一种硬件。声卡的基本功能是把来自话筒、磁带、光盘的原始声音信号加以转换，输出到耳机、扬声器、扩音机、录音机等声响设备，或通过音乐设备数字接口（MIDI）使乐器发出美妙的声音，如图 2-5 所示。

图 2-5　声卡

声卡的基本构成如下：

（1）声音控制芯片：声音控制芯片是把从输入设备中获取声音模拟信号，通过模数转换器，将声波信号转换成一串数字信号，采样存储到电脑中。重放时，这些数字信号送到一个数模转换器还原为模拟波形，放大后送到扬声器发声。

（2）数字信号处理器：DSP 芯片通过编程实现各种功能。它可以处理有关声音的命令、执行压缩和解压缩程序、增加特殊声效和传真 MODEM 等。大大减轻了 CPU 的负担，加速了多媒体软件的执行。但是，低档声卡一般没有安装 DSP，高档声卡才配有 DSP 芯片。

（3）FM 合成芯片：低档声卡一般采用 FM 合成声音，以降低成本。FM 合成芯片的作用就是用来产生合成声音。

（4）波形合成表：在波表 ROM 中存放有实际乐音的声音样本，供播放 MIDI 使用。一般的中高档声卡都采用波表方式，可以获得十分逼真的使用效果。

（5）波表合成器芯片：该芯片的功能是按照 MIDI 命令，读取波表 ROM 中的样本声音合成并转换成实际的乐音。低档声卡没有这个芯片。

（6）跳线：跳线是用来设置声卡的硬件设备，包括 CD-ROM 的 I/O 地址、声卡的 I/O 地址的设置。声卡上游戏端口的设置（开或关）、声卡的 IRQ（中断请求号）和 DMA 通道的设置，不能与系统上其他设备的设置相冲突，否则，声卡无法工作甚至使整个计算机死机。

（7）I/O 口地址：PC 机所连接的外设都拥有一个输入/输出地址，即 I/O 地址。每个设备必须使用唯一的 I/O 地址，声卡在出厂时通常设有缺省的 I/O 地址，其地址范围为 220H～260H。

（8）IRQ（中断请求）号：每个外部设备都有唯一的一个中断号。声卡 Sound Blaster 缺省 IRQ 号为 7，而 Sound Blaster PRO 的缺省 IRQ 号为 5。

（9）DMA 通道：声卡录制或播放数字音频时，将使用 DMA 通道，在其本身与 RAM 之间传送音频数据，而无需 CPU 干预，以提高数据传输率和 CPU 的利用率。16 位声卡有两个 DMA 通道，一个用于 8 位音频数据传输，另一个则用于 16 位音频数据传输。

（10）游戏杆端口：声卡上有一个游戏杆连接器。若一个游戏杆已经连在机器上，则应使声卡上的游戏杆跳接器处于未选用状态。否则，2 个游戏杆互相冲突。

2.5.2 声卡的性能指标

1. 复音数量

声卡中"32"、"64"的含义是指声卡的复音数，而不是声卡上的 DAC（数模变换）和 ADC（数模变换）的转换位数（bit）。它代表了声卡能够同时发出多少种声音。复音数越大，音色就越好，播放 MIDI 时可以听到的声部越多、越细腻。如果一首 MIDI 乐曲中的复音数超过了声卡的复音数，则将丢失某些声部，但一般不会丢失主旋律。目前声卡的硬件复音数都不超过 64 位。

2. 采用位数

是将声音从模拟信号转化为数字信号的二进制位数，即进行 A/D、D/A 转换的精度。目前有 8 位、12 位和 16 位三种，将来还有 24 位的 DVD 音频采样标准。位数越高，采样精度越高。

3. 采样频率

即每秒采集声音样本的数量。标准的采样频率有三种：11.025kHz（语音）、22.05kHz（音乐）和 44.1kHz（高保真），有些高档声卡能提供 5kHz～48kHz 的连续采样频率。采样频率越高，记录声音的波形就越准确，保真度就越高，但采样产生的数据量也越大，要求的存储空间也越多。

4. 波表合成方式和波表库容量

早期高档的 ISA 声卡主要采用硬件波表合成方式，中、低档声卡主要采用软件波表。而现在的 PCI 声卡则大量采用更加先进的 DSL 波表合成方式，其波表库容量通常是 2MB、4MB、8MB，而像 SB Live! 声卡甚至可以扩展到 32MB。波表库容量的大小和三种波表合成方式的优劣不能一概而论，这同波表库声音样本的质量和音效芯片采用的声音合成技术还有很大关系。同时我们还要注意在进行 MIDI 音乐播放时的 CPU 占用率。

5. 三维效果

在众多的 PCI 声卡 3D 效果中，最好的还是 A3D 和 EAX 两种。A3D 技术一般为帝盟所独用。不少声卡都标榜支持 EAX 技术，其实只是一种软件上的部分模拟，这些声卡只是模拟 EAX 的 3D 定位效果，不能够完全模拟它的效果，因此该技术一般以创新为最佳。三维效果可以通过仔细分辨声音与程序之间的互动效果得出。此外，声卡是否支持多音箱也是值得考虑的地方，两个音箱听 3D 效果未免单薄，四个以上的才能达到效果。

2.5.3 声卡的选购

（1）板卡式：卡式产品是现今市场上的中坚力量，产品涵盖低、中、高各档次，售价从几十元至上千元不等。早期的板卡式产品多为 ISA 接口，由于此接口总线带宽较低、功能单一、占用系统资源过多，它们拥有更好的性能及兼容性，支持即插即用，安装使用都很方便。

（2）集成式：声卡只会影响到电脑的音质，对 PC 用户较敏感的系统性能并没有什么关系。因此，大多用户对声卡的要求都满足于能用就行，更愿将资金投入到能增强系统性能的部分。虽然板卡式产品的兼容性、易用性及性能都能满足市场需求，但为了追求更为廉价与简便，集成式声卡出现了。此类产品集成在主板上，具有不占用PCI 接口、成本更为低廉、兼容性更好等优势，能够满足普通用户的绝大多数音频需求，自然就受到市场青睐。而且集成声卡的技术也在不断进步，PCI 声卡具有的多声道、低 CPU 占有率等优势也相继出现在集成声卡上，它也由此占据了主导地位，占据了声卡市场的大半壁江山。集成声卡大致可分为软声卡和硬声卡，软声卡仅集成了一块信号采集编码的 Audio CODEC 芯片，声音部分的数据处理运算由 CPU 来完成，因此对 CPU 的占有率相对较高。硬声卡的设计与 PCI 式声卡相同，只是将两快芯片集成在主板上。

（3）外置式：是创新公司独家推出的一个新兴事物，它通过USB 接口与 PC 连接，具有使用方便、便于移动等优势。但这类产品主要应用于特殊环境，如连接笔记本实现更好的音质等，以及 MAYA EX、MAYA 5.1 USB 等。

2.6　网卡

2.6.1　网卡的概述

计算机与外界局域网的连接是通过主机箱内插入一块网络接口板（或者是在笔记本电脑中插入一块 PCMCIA 卡）。网络接口板又称为通信适配器或网络适配器（Network Adapter）或网络接口卡（NIC，Network Interface Card），但是现在更多的人愿意使用更为简单的名称"网卡"。

网卡是工作在链路层的网络组件，是局域网中连接计算机和传输介质的接口，不仅能实现与局域网传输介质之间的物理连接和电信号匹配，还涉及帧的发送与接收、帧的封装与拆封、介质访问控制、数据的编码与解码以及数据缓存的功能等，如图 2-6 所示。

图 2-6　网卡

2.6.2　网卡的性能指标

影响网卡性能的主要指标是传输带宽大小、是否支持全双工、是否支持远程唤醒。

2.6.3　无线网卡

所谓无线网络，就是利用无线电波作为信息传输的媒介构成的无线局域网（WLAN），与有线网络的用途十分类似，最大的不同在于传输媒介的不同，利用无线电技术取代网线，可以和有线网络互为备份，只可惜速度太慢。

无线网卡是终端无线网络的设备，是无线局域网的无线覆盖下通过无线连接网络进行上网使用的无线终端设备。具体来说无线网卡就是使你的电脑可以利用无线来上网的一个装置，但是有了无线网卡也还需要一个可以连接的无线网络，如果你在家里或者所在地有无线路由器或者无线 AP（AccessPoint 无线接入点）的覆盖，就可以通过无线网卡连接无线网络实现上网，如图 2-7 所示。

无线网卡的工作原理是微波射频技术，有 GPRS、CDMA、TD-LTE、Wi-Fi 等几种无线数据传输模式来供上网使用。GPRS 即我们熟知的 2G 网络，CDMA 即 3G 网络，TD-LTE 是目前流行的 4G 网络，正逐渐取代 GPRS 与 CDMA 技术。大部分家庭或办公用户使用 Wi-Fi 联入互联网，大多主要是自己拥有接入互联网的 Wi-Fi 基站（就是 WiFi 路由器等）通过无线形式进行数据传输。无线上网遵循 802.1q 标准，通过无线传输，由无线接入点发出信号，用无线网卡接收和发送数据。

图 2-7　无线网卡

按照 IEEE802.11 协议，无线局域网卡分为媒体访问控制（MAC）层和物理层（PHY Layer）。在两者之间，还定义了一个媒体访问控制－物理（MAC-PHY）子层（Sublayers）。MAC 层提供主机与物理层之间的接口，并管理外部存储器，它与无线网卡硬件的 NIC 单元相对应。

无线网卡标准：

（1）IEEE 802.11a：使用 5GHz 频段，传输速度 54Mbps，与 802.11b 不兼容。

（2）IEEE 802.11b：使用 2.4GHz 频段，传输速度 11Mbps。

（3）IEEE 802.11g：使用 2.4GHz 频段，传输速度 54Mbps，可向下兼容 802.11b。

（4）IEEE 802.11n（Draft 2.0）：用于 Intel 新的迅驰 2 笔记本和高端路由，可向下兼容，传输速度 300Mbps。

2.6.4　网卡的选购

（1）Intel：是个老品牌了，早期的台式机有很多都采用 Intel 的入门级网卡产品——Intel Pro/100VE。在 AMD 还没与 Intel 形成明显的竞争关系之前，这个网卡在市场中很常见，后来 Intel 又推出了 Pro 10/100、Pro 100/1000，后两个产品大多集成到 Intel 自主品牌的主板中，DIY 市场已经不多见了。8254X 系列，这个系列是早期的千兆芯片了，照 7X 系列的性能要差一些，仍用在低端千兆网卡产品中。

（2）Realtek：中文叫做瑞昱，这个品牌可谓是家喻户晓。瑞昱半导体成立于 1987 年，位于台湾"硅谷"的新竹科学园区，旗下的网卡芯片和声卡芯片被广泛运用于台式电脑之中，它凭借成熟的技术和低廉的价格，走红于 DIY 市场，是许多带有集成网卡、声卡的主板的首选。尤其是 8139D 网卡芯片，在市场上占有绝对的优势。千兆芯片则有 8110S、8110SB、8110SC，高端一点的有 8169S、8169SB 和 8169SC。如果主板集成了千兆网卡，就可以通过观察芯片表面来判断是 Realtek 的哪个千兆芯片。

2.7　存储设备（硬盘与移动存储）

2.7.1　硬盘概述

硬盘是电脑上使用坚硬的旋转盘片为基础的非挥发性存储设备，它在平整的磁性表面存储和检索数字数据，信息通过离磁性表面很近的磁头，由电磁流来改变极性方式被电磁流写到磁盘上，信息可以通过相反的方式读取，例如读头经过纪录数据的上方时磁场导致线圈中电气信号的改变。硬盘的读写是采用随机存取的方式，因此可以以任意顺序读取硬盘中的数据。硬盘包括一至数片高速转动的磁盘以及放在执行器悬臂上的磁头。

硬盘有机械硬盘（HDD）如图 2-8 所示、固态硬盘（SSD）如图 2-9 所示、混合硬盘（HHD 一块基于传统机械硬盘诞生出来的新硬盘）；SSD 采用闪存颗粒来存储，HDD 采用磁性碟片来存储，混合硬盘是把磁性硬盘和闪存集成到一起的一种硬盘。基本构成：

图 2-8　希捷 SATA 硬盘

1. 磁头

磁头是硬盘中最昂贵的部件，也是硬盘技术中最重要和最关键的一环。传统的磁头是读写合一的电磁感应式磁头，但是，硬盘的读、写却是两种截然不同的操作，为此，这种二合一磁头在设计时必须要同时兼顾到读/写两种特性，从而造成了硬盘设计上的局限。而 MR 磁头

（Magneto-Resistive Head），即磁阻磁头，采用的是分离式的磁头结构：写入磁头仍采用传统的磁感应磁头（MR 磁头不能进行写操作），读取磁头则采用新型的 MR 磁头，即所谓的感应写、磁阻读。这样，在设计时就可以针对两者的不同特性分别进行优化，以得到最好的读/写性能。另外，MR 磁头是通过阻值变化而不是电流变化去感应信号幅度，因而对信号变化相当敏感，读取数据的准确性也相应提高。而且由于读取的信号幅度与磁道宽度无关，故磁道可以做得很窄，从而提高了盘片密度，达到每平方英寸 200MB，而使用传统的磁头只能达到每平方英寸 20MB，这也是 MR 磁头被广泛应用的最主要原因。MR 磁头已得到广泛应用，而采用多层结构和磁阻效应更好的材料制作的 GMR 磁头（Giant Magneto-Resistive Heads）也逐渐开始普及。

图 2-9　SSD 固态硬盘

2. 磁道

当磁盘旋转时，磁头若保持在一个位置上，则每个磁头都会在磁盘表面划出一个圆形轨迹，这些圆形轨迹就叫做磁道。这些磁道用肉眼是根本看不到的，因为它们仅是盘面上以特殊方式磁化了的一些磁化区，磁盘上的信息便是沿着这样的轨道存放的。相邻磁道之间并不是紧挨着的，这是因为磁化单元相隔太近时磁性会相互产生影响，同时也为磁头的读写带来困难。一张 1.44MB 的 3.5 英寸软盘，一面有 80 个磁道，而硬盘上的磁道密度则远远大于此值，通常一面有成千上万个磁道。磁道的磁化方式一般由磁头迅速切换正负极改变磁道所代表的 0 和 1。

3. 扇区

磁盘上的每个磁道被等分为若干个弧段，这些弧段便是磁盘的扇区，每个扇区可以存放 512 个字节的信息，磁盘驱动器在向磁盘读取和写入数据时，要以扇区为单位。

4. 柱面

硬盘通常由重叠的一组盘片构成，每个盘面都被划分为数目相等的磁道，并从外缘的 "0" 开始编号，具有相同编号的磁道形成一个圆柱，称之为磁盘的柱面。磁盘的柱面数与一个盘单面上的磁道数是相等的。无论是双盘面还是单盘面，由于每个盘面都只有自己独一无二的磁头，因此，盘面数等于总的磁头数。所谓硬盘的 CHS，即 Cylinder（柱面）、Head（磁头）、Sector

Chapter 2

（扇区），只要知道了硬盘的 CHS 的数目，即可确定硬盘的容量，硬盘的容量=柱面数×磁头数×扇区数×512B。

2.7.2 硬盘的性能指标

1. 容量

容量作为计算机系统的数据存储器，容量是硬盘最主要的参数。硬盘的容量以兆字节（MB/MiB）、千兆字节（GB/GiB）或百万兆字节（TB/TiB）为单位，而常见的换算式为：1TB=1024GB，1GB=1024MB，1MB=1024KB。但硬盘厂商通常使用的是 GB，也就是1G=1000MB，而 Windows 系统，就依旧以"GB"字样来表示"GiB"单位（1024 换算的），因此我们在 BIOS 中或在格式化硬盘时看到的容量会比厂家的标称值要小。硬盘的容量指标还包括硬盘的单碟容量。所谓单碟容量是指硬盘单片盘片的容量，单碟容量越大，单位成本越低，平均访问时间也越短。一般情况下硬盘容量越大，单位字节的价格就越便宜，但是超出主流容量的硬盘略微例外。在购买硬盘时所说的 500G，其实际容量都比 500G 要小。因为厂家是按1MB=1000KB 来换算的，所以我们买新硬盘，比买时候实际用量要小点的。

2. 转速

转速是硬盘内电机主轴的旋转速度，也就是硬盘盘片在一分钟内所能完成的最大转数。转速的快慢是标示硬盘档次的重要参数之一，它是决定硬盘内部传输率的关键因素之一，在很大程度上直接影响到硬盘的速度。硬盘的转速越快，硬盘寻找文件的速度也就越快，相对的硬盘的传输速度也就得到了提高。硬盘转速以每分钟多少转来表示，单位表示为 RPM，RPM 是Revolutions Per minute 的缩写，即转/每分钟。RPM 值越大，内部传输率就越快，访问时间就越短，硬盘的整体性能也就越好。硬盘的主轴马达带动盘片高速旋转，产生浮力使磁头飘浮在盘片上方。要将所要存取资料的扇区带到磁头下方，转速越快，则等待时间也就越短。因此转速在很大程度上决定了硬盘的速度。家用普通硬盘的转速一般有 5400rpm、7200rpm 几种，高转速硬盘也是台式机用户的首选；而对于笔记本用户则是 4200rpm、5400rpm 为主，虽然已经有公司发布了 10000rpm 的笔记本硬盘，但在市场中还较为少见；服务器用户对硬盘性能要求最高，服务器中使用的 SCSI 硬盘转速基本都采用 10000rpm，甚至还有 15000rpm 的，性能要超出家用产品很多。较高的转速可缩短硬盘的平均寻道时间和实际读写时间，但随着硬盘转速的不断提高也带来了温度升高、电机主轴磨损加大、工作噪音增大等负面影响。

3. 平均访问时间

平均访问时间（Average Access Time）是指磁头从起始位置到到达目标磁道位置，并且从目标磁道上找到要读写的数据扇区所需的时间。平均访问时间体现了硬盘的读写速度，它包括了硬盘的寻道时间和等待时间，即：平均访问时间=平均寻道时间+平均等待时间。硬盘的平均寻道时间（Average Seek Time）是指硬盘的磁头移动到盘面指定磁道所需的时间。这个时间当然越小越好，硬盘的平均寻道时间通常在 8ms 到 12ms 之间，而 SCSI 硬盘则应小于或等于8ms。硬盘的等待时间，又叫潜伏期（Latency），是指磁头已处于要访问的磁道，等待所要访间的扇区旋转至磁头下方的时间。平均等待时间为盘片旋转一周所需的时间的一半，一般应在4ms以下。

4. 传输速率

传输速率（Data Transfer Rate）硬盘的数据传输率是指硬盘读写数据的速度，单位为兆字节每秒（MB/s）。硬盘数据传输率又包括了内部数据传输率和外部数据传输率。内部传输率（Internal Transfer Rate）也称为持续传输率（Sustained Transfer Rate），它反映了硬盘缓冲区未用时的性能。内部传输率主要依赖于硬盘的旋转速度。外部传输率（External Transfer Rate）也称为突发数据传输率（Burst Data Transfer Rate）或接口传输率，它标称的是系统总线与硬盘缓冲区之间的数据传输率，外部数据传输率与硬盘接口类型和硬盘缓存的大小有关。Fast ATA接口硬盘的最大外部传输率为16.6MB/s，而Ultra ATA接口的硬盘则达到33.3MB/s。2012年12月，研制出传输速度每秒1.5GB的固态硬盘。

5. 缓存

缓存（Cache memory）是硬盘控制器上的一块内存芯片，具有极快的存取速度，它是硬盘内部存储和外界接口之间的缓冲器。由于硬盘的内部数据传输速度和外界界面传输速度不同，缓存在其中起到一个缓冲的作用。缓存的大小与速度是直接关系到硬盘传输速度的重要因素，能够大幅度地提高硬盘整体性能。当硬盘存取零碎数据时需要不断地在硬盘与内存之间交换数据，有大缓存，则可以将那些零碎数据暂存在缓存中，减小外系统的负荷，也提高了数据的传输速度。

2.7.3 移动存储介质

1. 移动硬盘

通常意义上，人们把移动硬盘的概念等同理解为"移动存储介质"。移动硬盘，顾名思义是以硬盘为存储介质，强调便携性的存储产品。目前市场上绝大多数的移动硬盘都是以标准硬盘为基础的，而只有很少部分的是以微型硬盘（1.8英寸硬盘等）为基础，但价格因素决定着主流移动硬盘还是以标准笔记本硬盘为基础。因为采用硬盘为存储介制，因此移动硬盘在数据的读写模式与标准IDE硬盘是相同的。移动硬盘多采用USB、IEEE1394、eSATA等传输速度较快的接口，可以较快的速度与系统进行数据传输。移动硬盘从使用人群上可以分为个人型移动硬盘和专业型移动硬盘。个人型移动硬盘，便携易用、价位低，适合大众使用；而专业型移动硬盘主要强调商用，比如可以堆叠使用，可以加密，有IEEE1394、eSATA接口，传输速率快，同时这一类产品存储容量比较大，价位也比较高，如图2-10所示。

2. U盘

U盘，全称"USB闪存盘"，英文名"Universal Serial Bus flash disk"。如图2-11所示，它是一个USB接口的无需物理驱动器的微型高容量移动存储产品，可以通过USB接口与电脑以及带有U盘读取功能的音响、视频播放设备连接，实现即插即用。相较于其他可携式存储设备（尤其是软盘片），闪存盘有许多优点：占空间小，通常操作速度较快（USB1.1、2.0、3.0

标准），能存储较多数据，并且可能较可靠（由于没有机械设备），在读写时断开而不会损坏硬件（软盘在读写时断开马上损坏），只会丢失数据。这类的磁盘使用 USB 大量存储设备标准，在近代的操作系统（如 Linux、Mac OS X、UNIX 与 Windows Me、Windows 2000、Windows XP、Windows 7、Windows 8）中皆有内置支持。

　　U 盘的最大优点是：小巧便于携带、存储容量大、价格便宜、性能可靠。U 盘体积很小，仅手指般大小，重量极轻，一般在 15 克左右，特别适合随身携带。U 盘不像移动硬盘，没有任何机械运转装置，抗震性能极强。另外，质量合格的 U 盘还具有防潮防磁、耐高低温、耐水洗等特性，安全可靠性很好。缺点是：由于 flash 芯片擦写次数是有限制的，会导致超过次数的 U 盘可靠性大幅度下降。各种类型的 flash 芯片擦写次数差异很大，详细请查阅专业资料。目前比较常见的有三种：SLC、MLC、TLC（或 8LC）。

　　SLC（Single-Level Cell）即 1bit/cell，速度快寿命长，价格贵（约 MLC 3 倍以上的价格），约 10 万次擦写寿命；MLC（Multi-Level Cell）即 2bit/cell，速度一般寿命一般，价格一般，约 3000～10000 次擦写寿命；TLC（Triple-Level Cell）即 3bit/cell，行业内也有叫 8LC，速度慢，寿命短，价格便宜，约 500 次擦写寿命，目前还没有厂家能做到 1000 次。

图 2-10　移动硬盘

图 2-11　U 盘

3. 光盘

　　高密度光盘（Compact Disc）是近代发展起来不同于磁性载体的光学存储介质，用聚焦的氢离子激光束处理记录介质的方法存储和再生信息，又称激光光盘。由于软盘的容量太小，光盘凭借大容量得以广泛使用。我们听的 CD 是一种光盘，看的 VCD、DVD 也是一种光盘。现在一般的硬盘容量在 3GB 到 3TB 之间，软盘已经基本被淘汰，CD 光盘的最大容量大约是 700MB，DVD 盘片单面 4.7GB，最多能刻录约 4.59G 的数据（因为 DVD 的 1GB=1000MB，而硬盘的 1GB=1024MB）（双面 8.5GB，最多约能刻 8.3GB 的数据），蓝光（BD）的存储容量则更大，其中 HD DVD 单面单层 15GB、双层 30GB；BD 单面单层 25GB、双面 50GB。最具成本价格优势，700MB/80Min，激光调制方式记录信息（凸区/凹坑/螺旋形光轨道）。

光盘分类如下：

（1）按直径大小分为：12cm、8cm。

（2）按性能分为：只读光盘（CD-Rom）；一次写多次读光盘（WORM），俗称刻录盘；可擦重写光盘：磁光型 MO（Magnetic Optical，MO）盘；相变型盘（Phase Change，PC），CD-RW（CD-ReWritable），如图 2-12 所示。

图 2-12　光盘

4．储存卡

储存卡因能使用于手机上而走红，现因手机内置容量较大，逐渐退出手机市场。储存卡种类很多，以 SD、MMC 卡较多，MMC 卡相对而言好于 SD 卡，但 SD（microSD）卡可用于手机（目前常见的最大容量为 32GB，最快的传输速度卡为 C5），其他卡多用于数码相机等，如图 2-13 所示。

图 2-13　存储卡

2.8 光驱设备

光驱，电脑用来读写光碟内容的机器，也是在台式机和笔记本便携式电脑里比较常见的一个部件。随着多媒体的应用越来越广泛，使得光驱在计算机诸多配件中已经成为标准配置。光驱可分为 CD-ROM 驱动器、DVD 光驱（DVD-ROM）、康宝（COMBO）、蓝光光驱（BD-ROM）和刻录机等。

光驱的选购技巧成为了众多消费者所关注的问题。其实只要在选购 DVD 光驱时重视以下五点，我们完全可以非常轻松地在纷繁复杂的市场中去粗取精，挑选到满意的 DVD 光驱。

（1）纠错能力。一直以来 DVD 光驱纠错能力都是众人所议论的焦点，甚至有人因此怀疑 DVD 光驱能否真正替代 CD-ROM。其实"纠错能力一般"只是早期 DVD 产品的一个弊病，随着技术的成熟，现在的 DVD 光驱通常情况下已经拥有令人满意的纠错能力。但要真正做到"超强纠错"也不是一件容易的事情了，这就要看各大光驱生产厂商是否拥有自己的特色技术。在"产品同质化"现象严重的今天，比纠错其实就是比特色技术。据笔者所知，明基 BenQ 在这方面做得不错，其热销机种 1650S 拥有"Smart-Film 完美放影"影片播放解决方案，包含了第二代自排挡、BVO 数字视频优化处理等专有技术，纠错能力得到良好保障。

（2）稳定性。我们往往会遇到这样的情况，一款光驱买回来时，怎么用都好，任何盘片都能通吃。可一旦用了一段时间后（通常 3 个月以上），却发现读盘能力迅速下降，这也就是大家常说的"蜜月效应"。为避免购买到这类产品，我们应该尽量选购采用全钢机芯的 DVD 光驱，这样即便在高温、高湿的情况下长时间工作，DVD 光驱的性能也能恒久如一，这也给 DVD 影片的完美播放提供了最为有力的保障，必定是牙好胃口才好，芯好光驱才能长时间地稳定如新。另外采用全钢机芯的光驱通常情况下要比采用普通塑料机芯的整体上的使用寿命长很多。

（3）速度。速度是衡量一台光驱快慢的标准，目前市面上主流的 DVD 光驱基本上都是 16X，那为何选购 DVD 光驱还需要注意速度呢？因为 DVD 光驱具有向下兼容性，除了读取 DVD 光盘之外，DVD 光驱还肩负着读取普通 CD 数据碟片的重担，因此我们还需关注 CD 读取速度。

主流 CD-ROM 的读取速度普遍是 50X 至 52X。而目前市面上的很大一部分 16XDVD 光驱，其 CD 盘的最大读取速度仅为 40X。知名品牌中，BenQ 的 1650S DVD 的 CD 盘读取速度已经达到 50X，是目前市面上同倍速 DVD 光驱中的最高标准。

（4）接口类型。一般情况下，DVD 光驱的传输模式与 CD-ROM 一样，都是采用 ATA33 模式，从理论上说这种接口已经能够满足目前主流 DVD 光驱数据的传输要求了，毕竟16XDVD 光驱最大传输速率也就只有 20MB/sec 左右。然而这种传输模式存在较大的弊端，在光驱读盘时 CPU 的占用率非常之高，一旦遇上一些质量不好的碟片，CPU 的使用率一下子就提升到了 100%左右。

　　这样一来即便再强劲的 CPU，在播放 DVD 或者运行其他软件时也不能应付自如，严重时甚至会引起死机。所以在选购 DVD 光驱时，一定要特别注意光驱的接口模式，在价格相差不大或者根本没有价格差异的情况下，尽量选用 ATA66 甚至 ATA100 接口的产品。

　　（5）品牌。一个信得过的品牌是选购一款好 DVD 光驱的关键之一，做好了这一步将大大减轻 DVD 光驱选购的难度。

2.9　机箱及电源

2.9.1　主机概述

　　机箱一般包括外壳、支架、面板上的各种开关、指示灯等。外壳用钢板和塑料结合制成，硬度高，主要起保护机箱内部元件的作用。支架主要用于固定主板、电源和各种驱动器如图 2-14 所示。

图 2-14　机箱

　　机箱有很多种类型。现在市场比较普遍的是 AT、ATX、Micro ATX 以及最新的 BTX-AT，机箱的全称应该是 BaBy AT，主要应用到只能支持安装 AT 主板的早期机器中。ATX 机箱是目前最常见的机箱，支持现在绝大部分类型的主板。Micro ATX 机箱是在 AT 机箱的基础之上建立的，为了进一步的节省桌面空间，因而比 ATX 机箱体积要小一些。各个类型的机箱只能安装其支持的类型的主板，一般是不能混用的，而且电源也有所差别。所以大家在选购时一定要注意。

　　一般选择 PC 机箱时，外观是首选因素，然而，选择服务器机箱，实用性就排在了更加重要的地位，一般来说主要应该从以下几个方面进行考核：

　　（1）散热。4U 或者塔式服务器所使用的 CPU 至少为两个或更多，而且加上内部多采用

SCSI 磁盘阵列的形式，因而使得服务器内部发热量很大，所以良好的散热性是一款优秀服务器机箱的必备条件。散热性能主要表现在三个方面，一是风扇的数量和位置，二是散热通道的合理性，三是机箱材料的选材。一般来说，品牌服务器机箱比如超微都可以很好地做到这一点，采用大口径的风扇直接针对 CPU、内存及磁盘进行散热，形成从前方吸风到后方排风（塔式为下进上出，前进后出）的散热通道，形成良好的热循环系统，及时带走机箱内的大量热量，保证服务器的稳定运行。而采用导热能力较强的优质铝合金或者钢材料制作的机箱外壳，也可以有效地改善散热环境。

（2）冗余性。4U 或者塔式的服务器一般处在骨干网络上，常年 24 小时运行是必然的情况，因此其冗余性方面的设计也非常值得关注。一是散热系统的冗余性，此类服务器机箱一般必须配备专门的冗余风扇，当个别风扇因为故障停转的时候，冗余风扇会立刻接替工作；二是电源的冗余性，当主电源因为故障失效或者电压不稳时，冗余电源可以接替工作继续为系统供电；三是存储介质的冗余性，要求机箱有较多的热插拔硬盘位，可以方便地对服务器进行热维护。

设计精良的服务器机箱会提供方便的 LED 显示灯以供维护者及时了解机器情况，前置 USB 口之类的小设计也会极大地方便使用者。同时，更有机箱提供了前置冗余电源的设计，使得电源维护也更为便利。

（3）用料足。用料永远是衡量大厂与小厂产品的最直观的表现方式。以超微机箱为例，同样是 4U 或者塔式机箱，超微的产品从重量上就可以达到杂牌产品的甚至三四倍。在机柜中间线缆密布设备繁多的情况下，机箱的用料直接牵涉到主机屏蔽其他设备电磁干扰的能力。因为服务器机箱的好坏直接牵涉到系统的稳定性，因此一些知名服务器主板大厂也会生产专业的服务器机箱，以保证最终服务器产品的稳定性。

总之，把握了以上一些选购的原则，加上大厂品质的保证，一款优秀的机箱电源必将成为性能强大的服务器系统最安全放心的家。

2.9.2　电源

电脑电源是电脑各部件供电的枢纽，是电脑的重要组成部分。把 220V 交流电，转换成直流电，分别输送到各个元件，如图 2-15 所示。

电源的分类：

（1）PC/XP 电源。PC/XT 电源是 IBM 最先推出个人 PC/XT 机时制定的标准。AT 电源也是由 IBM 早期推出 PC/AT 机时所提出的标准，当时能够提供 192W 的电力供应。

（2）ATX 电源。ATX 规范是 Intel 公司于 1995 年提出的一个工业标准，时至今日，ATX 架构电源已经称为业界的主流标准。ATX（AT Extend）可以翻译为"AT 扩展"标准，而 ATX 电源就是根据这一规格设计的电源。目前市面上销售的家用电脑电源，一般都遵循 ATX 规范。标准尺寸为 150×140×86mm。

图 2-15　PC 电源

（3）BTX 电源。BTX（Balanced Technology eXtended）电源是遵从 BTX 标准设计的 PC 电源。可以理解为是 Intel 为了品牌机厂商生产便利的一个变通。BTX 电源兼容了 ATX 技术，其工作原理与内部结构基本与 ATX 相同，输出标准与目前的 ATX12V 2.0 规范一样，电源输出要求、接口等支持 ATX12V、SFX12V、CFX12V 和 LFX12V。这种电源与以前的电源虽然在技术上没有变化，但为了适应尺寸的要求，采用了不规则的外型。目前定义了 220W、240W、275W 三种规格，其中 275W 的电源采用相互独立的双路+12V 输出。BTX 相对于 ATX 并不是一个革新性的电源标准。

（4）EPS 电源。EPS 电源和紧急供电系统（UPS）是完全不同的概念。2002 年开始随着数字化时代的发展，出现了为新生的工作组（Work Station）和服务器机箱供电的 SSI EPS 标准。ATX 电源的标准 ATX2.03 规定的主板电源是 20pin，CPU 电源为 4pin。而 EPS 的特点是主板电源 24pin，CPU 电源 8pin。所以现在经常看到的主板电源为 20+4pin，CPU 电源为 4+4pin 的 ATX 电源其实是 ATX 电源的扩展，正确名称应该为"ATX/EPS"。

现在流行的家用机主板 CPU 电源经常会有 8pin 的接口，普通的 ATX 电源上的 4pin 就可以完全满足其用电量（剩下 4pin）。ATX 电源上会有 8pin 接口这样的出现是因为 Intel 的至强系列 CPU 被要求必须有 8pin 的供电——现行普通 CPU 的耗电量已经达到了 70W 以上，这样服务器双 CPU 就会超过 140W，用 12V 换算的话就是超过 12A 以上的电流，4pin 的四根细线很明显对主板供电会不稳定，而且这也会造成安全隐患。ATX 的 20pin 也是一样的道理，考虑到向更远的未来发展，主板厂商在普通家用主板上首先推出了 24pin 主板，而后 ATX 的单 CPU 上也出现了 8pin 接口，完全兼容了 EPS 标准。而这样的主板使用标准 ATX 电源也是完全可以的，不过出于安全考虑，最好把所有的线都接上。

（5）WTX 电源。WTX（Workstations TX）电源就是工作站电源，介于服务器和家用机之间，也可以理解为 ATX 电源的加强版本。当时由于 PentiumIII Xeon（Slot2）的出现而提出的标准。尺寸上比 ATX 电源大，供电能力也比 ATX 电源强，常用于服务器和大型电脑。WTX

2　Chapter

电源属于 IA 服务器电源的架构之一。

（6）SFX、CFX、LFX 电源。SFX 电源、CFX 电源、LFX 电源同 WTX 电源一样，都可以说是 ATX 的变种，在尺寸、功率上都有各自的规范，都同 BTX 电源一样兼容现在 ATX 系列主板。这些电源都是为了适应现在小型机箱没有独立显卡、体积小的特点而规定的标准，以方便个人组装电脑时选购不同的机箱等配件。CFX12V 适用于系统总容量在 10～15 升的机箱；而 LFX12V 则适用于系统容量 6～9 升的机箱，目前有 180W 和 200W 两种规格；SFX 电源尺寸为 125×100×63.5mm。

2.10　显示器

显示器（display）通常也被称为监视器。显示器是属于电脑的 I/O 设备，即输入输出设备。它可以分为 CRT、LCD 等多种。它是一种将一定的电子文件通过特定的传输设备显示到屏幕上再反射到人眼的显示工具。常见分类：

（1）CRT 显示器。这是一种使用阴极射线管（Cathode Ray Tube）的显示器，阴极射线管主要有五部分组成：电子枪（Electron Gun）、偏转线圈（Deflection coils）、荫罩（Shadow mask）、荧光粉层（Phosphor）及玻璃外壳。它是应用最广泛的显示器之一，CRT 纯平显示器具有可视角度大、无坏点、色彩还原度高、色度均匀、可调节的多分辨率模式、响应时间极短等 LCD 显示器难以超过的优点。按照不同的标准，CRT 显示器可划分为不同的类型。现在此类型的显示器已经极少有人使用了。

（2）LCD 显示器。即液晶显示器，优点是机身薄，占地小，辐射小，给人以一种健康产品的形象。但液晶显示屏不一定可以保护到眼睛，这需要看各人使用计算机的习惯 。LCD 液晶显示器的工作原理，在显示器内部有很多液晶粒子，它们有规律的排列成一定的形状，并且它们的每一面的颜色都不同分为：红色，绿色，蓝色。这三原色能还原成任意的其他颜色，当显示器收到电脑的显示数据的时候会控制每个液晶粒子转动到不同颜色的面，来组合成不同的颜色和图像。也因为这样液晶显示屏的缺点是色彩不够艳，可视角度不高等。

（3）LED 显示屏（LED panel）。LED（Light Emitting Diode），即发光二极管。它是一种通过控制半导体发光二极管的显示方式，用来显示文字、图形、图像、动画、行情、视频、录像信号等各种信息的显示屏幕。LED 的技术进步是扩大市场需求及应用的最大推动力。最初，LED 只是作为微型指示灯，在计算机、音响和录像机等高档设备中应用，随着大规模集成电路和计算机技术的不断进步，LED 显示器正在迅速崛起，逐渐扩展到证券行情股票机、数码相机、PDA 以及手机领域。LED 显示器集微电子技术、计算机技术、信息处理于一体，以其色彩鲜艳、动态范围广、亮度高、寿命长、工作稳定可靠等优点，成为最具优势的新一代显示媒体，LED 显示器已广泛应用于大型广场、商业广告、体育场馆、信息传播、新闻发布、证券交易等，可以满足不同环境的需要，如图 2-16 所示。

图 2-16　液晶显示屏

（4）3D 显示器一直被公认为显示技术发展的终极梦想，多年来有许多企业和研究机构从事这方面的研究。日本、欧美、韩国等发达国家和地区早于 20 世纪 80 年代就纷纷涉足立体显示技术的研发，于 90 年代开始陆续获得不同程度的研究成果，现已开发出需佩戴立体眼镜和不需佩戴立体眼镜的两大立体显示技术体系。传统的 3D 电影在荧幕上有两组图像（来源于在拍摄时的互成角度的两台摄影机），观众必须戴上偏光镜才能消除重影（让一只眼只受一组图像），形成视差（parallax），产生立体感。

（5）等离子 PDP（Plasma Display Panel，等离子显示器）是采用了近几年来高速发展的等离子平面屏幕技术的新一代显示设备。

成像原理：等离子显示技术的成像原理是在显示屏上排列上千个密封的小低压气体室，通过电流激发使其发出肉眼看不见的紫外光，然后紫外光碰击后面玻璃上的红、绿、蓝 3 色荧光体发出肉眼能看到的可见光，以此成像。

2.11　键盘和鼠标

2.11.1　键盘

键盘是最常用也是最主要的输入设备，通过键盘可以将英文字母、数字、标点符号等输入到计算机中，从而向计算机发出命令、输入数据等，常见分类如下。

1. 普通型

一般台式机键盘的分类可以根据击键数、按键工作原理、键盘外形等分类。

键盘的种类很多，一般可分为触点式和无触点式还有雷射式（镭射激光键盘）三大类，前者借助于金属把两个触点接通或断开以输入信号，后者借助于霍尔效应开关（利用磁场变化）和电容开关（利用电流和电压变化）产生输入信号。

2. 按编码分

从编码的功能上，键盘又可以分成全编码键盘和非编码键盘两种。

全编码键盘是由硬件完成键盘识别功能，它通过识别键是否按下以及所按下键的位置，由全编码电路产生一个唯一对应的编码信息（如 ASCII 码）。非编码键盘是由软件完成键盘识别功能的，它利用简单的硬件和一套专用键盘编码程序来识别按键的位置，然后由 CPU 将位置码通过查表程序转换成相应的编码信息。非编码键盘的速度较低，但结构简单，并且通过软件能为某些键的重定义提供很大的方便。

3. 按应用分

按照应用可以分为台式机键盘、笔记本电脑键盘、工控机键盘，速录机键盘、双控键盘、超薄键盘、手机键盘七大类。

4. 按码元性质分

按码元性质可以分为字母键盘和数字键盘两大类。双 USB 控制键盘，可以一个键盘控制两台电脑，一键 2 秒切换快捷方便。

5. 按工作原理分

机械键盘、塑料薄膜式键盘、导电橡胶式键盘和无接点静电电容键盘。

（1）机械键盘（Mechanical）。采用类似金属接触式开关，工作原理是使触点导通或断开，具有工艺简单、噪音大、易维护，打字时节奏感强，长期使用手感不会改变等特点。

（2）塑料薄膜式键盘（Membrane）。键盘内部共分四层，实现了无机械磨损。其特点是低价格、低噪音和低成本，但是长期使用后由于材质问题手感会发生变化，已占领市场绝大部分份额。

（3）导电橡胶式键盘（Conductive Rubber）。触点的结构是通过导电橡胶相连。键盘内部有一层凸起带电的导电橡胶，每个按键都对应一个凸起，按下时把下面的触点接通。这种类型键盘是市场由机械键盘向薄膜键盘的过渡产品。

（4）无接点静电电容键盘（Capacitives）。使用类似电容式开关的原理，通过按键时改变电极间的距离引起电容容量改变从而驱动编码器。特点是无磨损且密封性较好。

6. 按文字输入分

按文字输入同时击打按键的数量可分为单键输入键盘、双键输入键盘和多键输入键盘、大家常用的键盘属于单键输入键盘，速录机键盘属于多键输入键盘，最新出现的四节输入法键盘属于双键输入键盘。基准键左手手指分别放在 ASDF，右手手指放在 JKL。数字键盘基准键食指：741，中指：/852，无名指：*963.，小拇指：- + enter，大拇指就是 0。

7. 按常规分

常规的键盘有机械式按键和电容式按键两种。在工控机键盘中还有一种轻触薄膜按键的键盘。

机械式键盘是最早被采用的结构，一般类似接触式开关的原理使触点导通或断开，具有工艺简单、维修方便、手感一般、噪声大、易磨损的特性，大部分廉价的机械键盘采用铜片弹簧作为弹性材料，铜片易折易失去弹性，使用时间一长故障率升高。

电容式键盘是基于电容式开关的键盘，原理是通过按键改变电极间的距离产生电容量的变化，暂时形成震荡脉冲允许通过的条件。理论上这种开关是无触点非接触式的，磨损率极小甚至可以忽略不计，也没有接触不良的隐患，具有噪音小，容易控制手感，可以制造出高质量的键盘,但工艺较机械结构复杂。还有一种用于工控机的键盘为了完全密封采用轻触薄膜按键，只适用于特殊场合。

8. 按外形分

键盘的接口有 AT 接口、PS/2 接口和最新的 USB 接口，台式机多采用 PS/2 接口，大多数主板都提供 PS/2 键盘接口。而较老的主板常常提供 AT 接口也被称为"大口"，已经不常见了。USB 作为新型的接口，一些公司迅速推出了 USB 接口的键盘，USB 接口只是一个卖点，对性能的提高收效甚微，愿意尝试且 USB 端口尚不紧张的用户可以选择。

2.11.2　鼠标

它是计算机的一种输入设备，分有线和无线两种，也是计算机显示系统纵横坐标定位的指示器，因形似老鼠而得名"鼠标"，如图 2-17 所示。

图 2-17　键盘鼠标

1. 类型分类

鼠标按接口类型可分为串行鼠标、PS/2 鼠标、总线鼠标、USB 鼠标（多为光电鼠标）四种。串行鼠标是通过串行口与计算机相连，有 9 针接口、25 针接口两种。PS/2 鼠标通过一个六针微型 DIN 接口与计算机相连，它与键盘的接口非常相似，使用时注意区分。总线鼠标的接口在总线接口卡上；USB 鼠标通过一个 USB 接口，直接插在计算机的 USB 口上。

2. 结构分类

鼠标按其工作原理及其内部结构的不同可以分为机械式、光机式和光电式。

（1）机械鼠标。

装在辊柱端部的光栅信号传感器产生的光电脉冲信号反映出鼠标器在垂直和水平方向的位移变化，再通过电脑程序的处理和转换来控制屏幕上光标箭头的移动。原始鼠标只是作为一种技术验证品而存在，并没有被真正量产制造。在鼠标开始被正式引入 PC 机之后，相应的技术也得到革新。依靠电阻不同来定位的原理被彻底抛弃，代之的是纯数字技术的"机械鼠标"。

与原始鼠标不同，这种机械鼠标的底部没有相互垂直的片状圆轮，而是改用一个可四向滚动的胶质小球。这个小球在滚动时会带动一对转轴转动（分别为 X 转轴、Y 转轴），在转轴的末端都有一个圆形的译码轮，译码轮上附有金属导电片与电刷直接接触。当转轴转动时，这些金属导电片与电刷就会依次接触，出现"接通"或"断开"两种形态，前者对应二进制数"1"、后者对应二进制数"0"。接下来，这些二进制信号被送交鼠标内部的专用芯片作解析处理并产生对应的坐标变化信号。只要鼠标在平面上移动，小球就会带动转轴转动，进而使译码轮的通断情况发生变化，产生一组组不同的坐标偏移量，反应到屏幕上，即光标可随着鼠标的移动而移动，现在已经很少使用了。

（2）光机鼠标。

为了克服纯机械式鼠标精度不高，机械结构容易磨损的弊端，罗技公司在 1983 年成功设计出第一款光学机械式鼠标，一般简称为"光机鼠标"。光机鼠标是在纯机械式鼠标基础上进行改良，通过引入光学技术来提高鼠标的定位精度。与纯机械式鼠标一样，光机鼠标同样拥有一个胶质的小滚球，并连接着 X、Y 转轴，所不同的是光机鼠标不再有圆形的译码轮，代之的是两个带有栅缝的光栅码盘，并且增加了发光二极管和感光芯片。当鼠标在桌面上移动时，滚球会带动 X、Y 转轴的两只光栅码盘转动，而 X、Y 发光二极管发出的光便会照射在光栅码盘上，由于光栅码盘存在栅缝，在恰当时机二极管发射出的光便可透过栅缝直接照射在两颗感光芯片组成的检测头上。如果接收到光信号，感光芯片便会产生"1"信号，若无接收到光信号，则将之定为信号"0"。接下来，这些信号被送入专门的控制芯片内运算生成对应的坐标偏移量，确定光标在屏幕上的位置。借助这种原理，光机鼠标在精度、可靠性、反应灵敏度方面都大大超过原有的纯机械鼠标，并且保持成本低廉的优点，在推出之后迅速风靡市场，纯机械式鼠标被迅速取代。完全可以说，真正的鼠标时代是从光机鼠标开始的，它一直持续到今天仍未完结，市场上的低档鼠标大多为该种类型。不过，光机鼠标也有其先天缺陷：底部的小球并不耐脏，在使用一段时间后，两个转轴就会因粘满污垢而影响光线通过，出现诸如移动不灵敏、光标阻滞之类的问题，因此为了维持良好的使用性能，光机鼠标要求每隔一段时间必须将滚球和转轴作一次彻底的清洁。在灰尘多的使用环境下，甚至要求每隔两三天就清洁一次，另外，随着使用时间的延长，光机鼠标无法保持原有的良好工作状态，反应灵敏度和定位精度都会有所下降，耐用性不如人意。

（3）光电鼠标。

光电鼠标器是通过检测鼠标器的位移，将位移信号转换为电脉冲信号，再通过程序的处理和转换来控制屏幕上光标箭头的移动。

与光机鼠标发展的同一时代，出现一种完全没有机械结构的数字化光电鼠标。设计这种光电鼠标的初衷是将鼠标的精度提高到一个全新的水平，使之可充分满足专业应用的需求。这种光电鼠标没有传统的滚球、转轴等设计，其主要部件为两个发光二极管、感光芯片、控制芯片和一个带有网格的反射板（相当于专用的鼠标垫）。工作时光电鼠标必须在反射板上移动，X 发光二极管和 Y 发光二极管会分别发射出光线照射在反射板上，接着光线会被反射板反射回去，经过镜头组件传递后照射在感光芯片上。感光芯片将光信号转变为对应的数字信号后将之送到定位芯片中专门处理，进而产生 X-Y 坐标偏移数据。此种光电鼠标在精度指标上的确有所进步，但它在后来的应用中暴露出大量的缺陷。首先，光电鼠标必须依赖反射板，它的位置数据完全依据反射板中的网格信息来生成，倘若反射板有些弄脏或者磨损，光电鼠标便无法判断光标的位置所在。倘若反射板不慎被严重损坏或遗失，那么整个鼠标便就此报废；其次，光电鼠标使用非常不人性化，它的移动方向必须与反射板上的网格纹理相垂直，用户不可能快速地将光标直接从屏幕的左上角移动到右下角；第三，光电鼠标的造价颇为高昂，数百元的价格在今天来看并没有什么了不起，但在那个年代人们只愿意为鼠标付出 20 元左右资金，光电鼠标的高价位显得不近情理。由于存在大量的弊端，这种光电鼠标并未得到流行，充其量也只是在少数专业作图场合中得到一定程度的应用，但随着光机鼠标的全面流行，这种光电鼠标很快就被市场所淘汰。

（4）光学鼠标。

光学鼠标器是微软公司设计的一款高级鼠标。它采用 NTELLIEYE 技术，在鼠标底部的小洞里有一个小型感光头，面对感光头的是一个发射红外线的发光管，这个发光管每秒钟向外发射 1500 次，然后感光头就将这 1500 次的反射回馈给鼠标的定位系统，以此来实现准确的定位。所以，这种鼠标可在任何地方无限制地移动。

虽然光电鼠标惨遭失败，但全数字的工作方式、无机械结构以及高精度的优点让业界为之瞩目，倘若能够克服其先天缺陷必可将其优点发扬光大，制造出集高精度、高可靠性和耐用性的产品在技术上完全可行。而最先在这个领域取得成果的是微软公司和安捷伦科技。在 1999 年，微软推出一款名为"IntelliMouse Explorer"的第二代光电鼠标，这款鼠标所采用的是微软与安捷伦合作开发的 IntelliEye 光学引擎，由于它更多借助光学技术，故也被外界称为"光学鼠标"。

它既保留了光电鼠标的高精度、无机械结构等优点，又具有高可靠性和耐用性，并且使用过程中无须清洁亦可保持良好的工作状态，在诞生之后迅速引起业界瞩目。2000 年，罗技公司也与安捷伦合作推出相关产品，而微软在后来则进行独立的研发工作并在 2001 年末推出第二代 IntelliEye 光学引擎。这样，光学鼠标就形成以微软和罗技为代表的两大阵营，安捷伦科技虽然也掌握光学引擎的核心技术，但它并未涉及鼠标产品的制造，而是向第三方鼠标制造商提供光学引擎产品，市面上非微软、罗技品牌的鼠标几乎都是使用它的技术。

光学鼠标的结构与上述所有产品都有很大的差异，它的底部没有滚轮，也不需要借助反射板来实现定位，其核心部件是发光二极管、微型摄像头、光学引擎和控制芯片。工作时发光二极管发射光线照亮鼠标底部的表面，同时微型摄像头以一定的时间间隔不断进行图像拍摄。鼠标在移动过程中产生的不同图像传送给光学引擎进行数字化处理，最后再由光学引擎中的定位 DSP 芯片对所产生的图像数字矩阵进行分析。由于相邻的两幅图像总会存在相同的特征，通过对比这些特征点的位置变化信息，便可以判断出鼠标的移动方向与距离，这个分析结果最终被转换为坐标偏移量实现光标的定位。

2.12 其他外设

2.12.1 扫描仪

扫描仪是利用光电技术和数字处理技术，以扫描方式将图形或图像信息转换为数字信号的装置。扫描仪通常被用于计算机外部仪器设备，通过捕获图像并将之转换成计算机可以显示、编辑、存储和输出的数字化输入设备。扫描仪对照片、文本页面、图纸、美术图画、照相底片、菲林软片，甚至纺织品、标牌面板、印制板样品等三维对象都可作为扫描对象，提取和将原始的线条、图形、文字、照片、平面实物转换成可以编辑及加入文件中的装置。

2.12.2 打印机

打印机（Printer）是计算机的输出设备之一，用于将计算机处理结果打印在相关介质上。衡量打印机好坏的指标有三项：打印分辨率、打印速度和噪声。打印机的种类很多，按打印元件对纸是否有击打动作，分击打式打印机与非击打式打印机；按打印字符结构，分全形字打印机和点阵字符打印机；按一行字在纸上形成的方式，分串式打印机与行式打印机；按所采用的技术，分柱形、球形、喷墨式、热敏式、激光式、静电式、磁式、发光二极管式等打印机，如图 2-18 所示。

（1）按原理分：打印机按数据传输方式可分为串行打印机和并行打印机两类。

串式点阵字符非击打式打印机主要有喷墨式和热敏式打印机两种。①喷墨式打印机。应用最广泛的打印机。其基本原理是带电的喷墨雾点经过电极偏转后，直接在纸上形成所需字形。其优点是组成字符和图像的印点比针式点阵打印机小得多，因而字符点的分辨率高，印字质量高且清晰。可灵活方便地改变字符尺寸和字体。印刷采用普通纸，还可利用这种打字机直接在某些产品上印字。字符和图形形成过程中无机械磨损，印字能耗小。打印速度可达 500 字符/秒。广泛应用的有电荷控制型（高压型）和随机喷墨型（负压型）喷墨技术，又出现了干式喷墨印刷技术。②热敏式打印机。流过印字头点电阻的脉冲电流产生的热传到热敏纸上，使其受热变色，从而印出字符和图像。主要特点是无噪声，结构轻而小，印字清晰。缺点是速度慢，字迹保存性差。

行式点阵字符非击打式打印机主要有激光、静电、磁式和发光二极管式打印机。①激光打印机，如图 2-18 所示。激光源发出的激光束经由字符点阵信息控制的声光偏转器调制后，进入光学系统，通过多面棱镜对旋转的感光鼓进行横向扫描，于是在感光鼓上的光导薄膜层上形成字符或图像的静电潜像，再经过显影、转印和定影，便在纸上得到所需的字符或图像。主要优点是打印速度高，可达 20000 行/分以上。印字的质量高，噪声小，可采用普通纸，可印刷字符、图形和图像。由于打印速度高，宏观上看，就像每次打印一页，故又称页式打印机。

②静电打印机。将脉冲电压直接加在具有一层电介质材料的特殊纸上，以便在电介质上获得静电潜像，经显影、加热定影形成字符和图像。它的特点是印刷质量高，字迹不退色，可长期保存，生成潜像的功耗小，无噪声，简单可靠。但需使用特殊纸，且成本高。③磁式打印机。它是电子复印技术的应用和发展。采用磁敏介质形成字符潜像，不需要高功率激光源，其优点是对湿度和温度变化不敏感。印刷速度可达 8000 行/分。结构简单，成本低。④发光二极管式打印机。除采用发光二极管作光源外，其工作原理与激光打印机类似。由于采用发光二极管，降低了成本，减小了功耗。

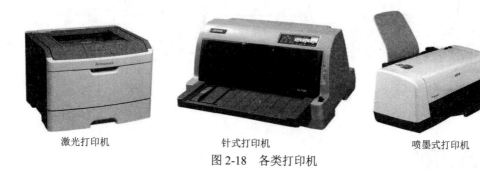

激光打印机　　　　　　　针式打印机　　　　　　喷墨式打印机

图 2-18　各类打印机

（2）按工作方式分：分为针式打印机、喷墨式打印机、激光打印机等。针式打印机通过打印机和纸张的物理接触来打印字符图形，而后两种是通过喷射墨粉来印刷字符图形的。

（3）按用途分：办公和事务通用打印机。在这一应用领域，针式打印机一直占领主导地位。由于针式打印机具有中等分辨率和打印速度、耗材便宜，同时还具有高速跳行、多份拷贝打印、宽幅面打印、维修方便等特点，是办公和事务处理中打印报表、发票等的优选机种。

2.13　习题

1．简述计算机主板（Main Board）的基本组成部分和分类。
2．请列举出市场上流行的 CPU 产品。
3．简述硬盘日常使用中的注意事项。
4．简述机箱电源的性能指标。
5．简述 UPS 的种类及工作原理。
6．打印机种类及性能指标有哪些？

3

组装你的第一台计算机

学习目标

- 了解计算机组装的准备工作及工具
- 掌握计算机各部件的组装方法

重点难点

- 组装前的准备事项
- 计算机各部件的组装方法

3.1 计算机硬件的组装

掌握了计算机硬件的各种知识，下面正式开始组装我们的第一台计算机。

3.1.1 组装前准备及注意事项

装机并不是一件困难的事情，首先根据自己的需求，列出一份配置清单，在网上商城或者电脑城购买配件（配件的型号可以参考第二章所学内容）。需要注意的是，电脑配置并不是越高越好，符合自己的需求是最好的选择。选购机箱时，有两点很重要，一是注意内部结构合理化，便于安装；二是要注意美观，颜色与其他配件相配。最为重要的是机箱电源，它关系到整个电脑的稳定运行，因此输出功率不应小于 250W，有的处理器还要求使用 300W 的电源，应根据需要选择。

一台电脑必不可少的部分有：处理器、主板、内存、硬盘、光驱、显卡、声卡、显示器、音箱、电源、键盘、鼠标等。这些硬件的安装及规格大多在产品说明中列出，下面介绍如何又快又好地进行电脑的组装。

3.1.2 不同用途的计算机配置

购买电脑之前，首先要确定购买电脑的用途，需要电脑为其做哪些工作。只有明确了自己购买的用途，才能建立正确的选购方案。下面列举几种不同的计算机应用领域来介绍其各自相应的购机方案。

1. 商务办公类型

对于办公型电脑，主要用途为处理文档、收发 E-mail 以及制表等，需要的电脑应该稳定。在商务办公中，电脑能够长时间地稳定运行非常重要。建议配置一款液晶显示器，可以减少长时间使用电脑对人体的伤害。

2. 家庭上网类型

一般的家庭中，使用电脑进行上网的主要作用是浏览新闻、处理简单的文字、玩一些简单的小游戏、看看网络视频等，这样用户不必要配置高性能的电脑，选择一台中低端的配置就可以满足用户需求了。因为用户不运行较大的软件，感觉不到这样配置的电脑速度慢。

3. 图形设计类型

对于这样的用户，因为需要处理图形色彩、亮度，图像处理工作量大，所以要配置运算速度快、整体配置高的计算机，尤其在 CPU、内存、显卡上要求较高的配置。

4. 娱乐游戏类型

当前开发的游戏大都采用了三维动画效果，所以这样的用户对电脑的整体性能要求更高，尤其在内存容量、CPU 处理能力、显卡技术、显示器、声卡等方面都有一定的要求。

3.2 计算机组装的常用工具

下面介绍组装计算机所需要的一些常用工具。

3.2.1 螺丝刀

组装电脑的最基本工具就是螺丝刀，如图 3-1 所示。最好购买带有磁性的螺丝刀，这样会在安装各种部件的时候带来方便。电脑中的大部分配件都是使用"十"字型螺丝刀，选用带磁性的螺丝刀的一个好处就是方便吸住螺丝，以用于在狭小的空间中安装。

3.2.2 尖嘴钳

组装电脑的另一个实用工具是尖嘴钳，如图 3-2 所示。当螺丝钉拧不动时，使用尖嘴钳会方便很多，而有些线过长时，使用尖嘴钳剪短会很方便。

图 3-1　装机工具——螺丝刀

图 3-2　装机工具——尖嘴钳

3.2.3　镊子

镊子在取出小号螺丝，以及在狭小空间中插线时特别方便，如图 3-3 所示。镊子还可用于夹取掉落到机箱死角的物体，也可以用来设置硬件上的跳线。

图 3-3　装机工具——镊子

3.2.4　万用表

万用表用于在安装过程中检查电压、排除故障，如图 3-4 所示。

图 3-4　装机工具——万用表

3.2.5　其他常用工具

其他常用工具有导热硅胶、电源插座、剪刀、扎线卡、防静电手套、手电筒等。
同时要注意以下几点：

（1）一定要防静电，尤其在北方地区。

（2）切勿带电操作。

（3）各组件一定要找对方向。

3.3　组装计算机各部件

3.3.1　安装电源

目前市场上有相当一部分机箱是搭配电源出售的，也就是说已经将电源安装在了机箱的相应位置，但还有一部分机箱和电源是分开的，下面介绍分开的机箱和电源。

机箱中电源通常位于机箱尾部的上端，电源末端 4 个角上各有一个螺丝孔，它们通常呈梯形排列，所以安装时要注意方向性，如果装反了就不能固定螺丝。可以先将电源放置在电源托架上，并将 4 个螺丝孔对齐，然后再拧上螺丝，如图 3-5 所示。

图 3-5　安装电源

3.3.2　安装 CPU

在安装 CPU 时先拉起 CPU 插槽的锁杆再把 CPU 放下去，然后再把锁杆压下即可。此外，检查 CPU 的针脚是否有弯曲现象。如果有弯曲，要先用镊子小心地拨正。

将主板上 CPU 插座侧面的锁杆拉起，准备安装 CPU，如图 3-6 所示。

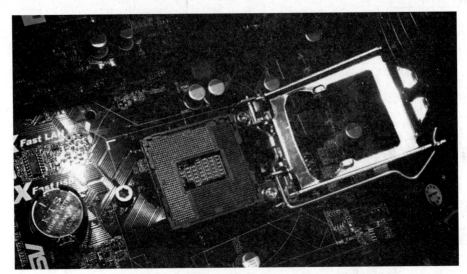

图 3-6　安装 CPU

　　将 CPU 锁杆拉至与主板垂直角度，然后将 CPU 插入到插槽中。此时应注意插槽是有方向性的，插槽上有两个角各缺一个针脚孔，这与 CPU 是对应的，如图 3-7 所示。

图 3-7　准备安装 CPU

轻轻按下 CPU 使每个针脚都顺利插入到针孔中。注意插座缺角的位置应和 CPU 上缺针脚的位置在同一方向。使 CPU 上的每一个针脚都插到相应的插孔中，要注意放到底，但不要用力过大，以免弄坏针脚。确认 CPU 已经插好后，将锁杆压下并恢复到原位，使 CPU 牢牢固定在主板上。

CPU 的每个针脚对应插座上的一个针孔。在安装时要轻按 CPU 使每根针脚顺利地插入到针孔中，但不要用力过大，以免将 CPU 的针脚压弯或折断。

现在市场上散热风扇采用最多的是卡夹式，这种散热风扇利用一根弹性钢片来固定整个风扇。下面介绍卡夹式风扇的安装。

将散热器小心地和 CPU 的核心接触在一起，但不要用力压，接着将卡子扣在 CPU 插槽的突出位置上，最后扣上另一头卡子，如图 3-8 所示。

图 3-8　安装 CPU 风扇

安装散热风扇后，还要给风扇接上电源。电源的接法有两种：一种是从电源输出线中任意找一个 D 型插头与风扇电源线连接；另一种是把插头插到主板提供的专用插槽上（主板说明书中有说明）。

3.3.3　安装主板

机箱的侧面板上有不少孔是用来固定主板的，而在主板周围和中间也有一些安装孔。这些孔和机箱底部的一些圆孔相对应，用来固定主板。

安装主板时，先在机箱底部孔里面装上定位螺丝。定位螺丝槽按各主板类型匹配选用，也可适当地放上一两个塑胶定位卡代替金属螺丝。

将机箱卧倒，在主板的底板上安装铜质的膨胀螺钉，与主板上的螺钉也对齐，然后把主板放在底板上，同时注意将主板的 I/O 接口对准机箱后面相应的位置。

要让主板的键盘接口、鼠标接口、串并口和 USB 接口及机箱背面挡片的孔对齐。主板要与底板平行，决不能搭在一起，否则容易造成短路。另外，主板螺丝孔附近有信号线的印刷电路，在与机箱底板相连接时要注意主板不要与机箱短路。如果主板安装孔未镀绝缘层则必须用绝缘垫圈加以绝缘，最好先在机箱上固定一至两颗螺柱。一般取 I/O 口附近位置，使用尖型塑料卡时，带尖的一头必须在主板的正面。

把所有的螺钉对准主板的固定孔，最好在每颗螺丝中都垫上一块绝缘垫片，依次把每个螺丝安装好拧紧，如图 3-9 所示。

图 3-9　安装主板

给主板插上供电插座，从机箱电源输出线中找到电源线接头，同样在主板上找到电源接口。

把电源插头插在主板的电源插座上，并使两个塑料卡子互相卡紧，以防止电源线脱落，如图 3-10 所示。

ATX 电源的插头如果插反了是插不进去的，所以不必担心因插反而引起烧毁主板的情况。

3.3.4　安装内存

安装内存条时一定要注意其金手指缺口和主板内存插槽口的位置相对应，并且内存下面的两边是不对称的。其中一边多一个缺口，因此在安装时要看清楚。

安装内存条的方法比较简单，用户仔细对比内存条金手指部分和插槽就可以正确安装。下面以 DDR 内存条为例，讲述具体的安装过程。

图 3-10　连接主板电源线

　　掰开 DIMM 插槽两边的两个灰白色的固定卡子，注意一定要扳到位，否则内存条可能装不上。

　　将内存条的一个凹口对准 DIMM 插槽的一个凸起的部分，均匀用力插到底，将内存条压入主插槽内即可，同时插槽两边的固定卡子会自动卡住内存条，如图 3-11 所示。

图 3-11　安装内存条

这时可以听见插槽两侧的固定卡子复位所发出的咔的声响，表明内存条已经完全安装到位，但在安装时不要用力太大，以免掰坏线路和插槽。

把内存条卡好后用力往下按，一定要看到两边的夹子都合起来后才算装好，最好再用手试一下稳不稳。另外，插内存条的时候尽量不要跟 CPU 靠得太近，这样有利于散热。当然某些有特殊要求的主板除外。

SDRAM 内存条的安装和 DDR 内存条一样，也要注意它们的方向性。在安装时要插到底，并使内存条插槽两端的卡子卡住内存条两端的卡口。

3.3.5　安装显卡

现在的显示卡一般都是 AGP 插卡，只要插到相应的 AGP 插槽就行了。如果是 PCI 显示卡，则把它插到 PCI 插槽上。下面以安装 AGP 接口的显示卡为例来讲解显示卡的安装过程。

将机箱后面的 AGP 插槽挡板取下。

将显示卡插入主板 AGP 插槽中，插入时要将显示卡以垂直于主板的方向插入。用力适中并要插到底部，保证显示卡和插槽的良好接触，如图 3-12 所示。

图 3-12　安装显卡

用螺丝固定显示卡。固定显示卡时，要注意显示卡挡板下端不要顶在主板上，否则无法插到位。插好显示卡，固定挡板螺丝时要松紧适度，不可影响显示卡插脚与 PCI/AGP 槽的接触，更要避免引起主板变形。

安装声卡、网卡或内置调制解调器与之相似，在此不再赘述。

安装显示卡后，与显示器的连接就相当容易了。因为整个电脑只有显示卡上的一个插座能与显示器的 3 排 15 针的 D 型插头相匹配。

3.3.6　安装 PCI 扩展卡

PCI 插槽，是基于 PCI 局部总线，周边元件扩展接口的扩展插槽，其颜色一般为乳白色，位于主板上 AGP 插槽的下方, ISA 插槽的上方。其位宽为 32 位或 64 位,工作频率为 33MHz,最大数据传输率为 133MB/sec(32 位)和 266MB/sec(64 位)。可插接显卡、声卡、网卡、内置 Modem、内置 ADSL Modem、USB2.0 卡、IEEE1394 卡、IDE 接口卡、RAID 卡、电视卡、视频采集卡以及其他种类繁多的扩展卡。

PCI 插槽是主板的主要扩展插槽,通过插接不同的扩展卡可以获得电脑能实现的几乎所有功能,是名副其实的"万用"扩展插槽。

3.3.7 安装硬盘和光驱

1. 安装硬盘

需要注意的是,通常计算机的主板上只安装有两个 IDE 接口,而每条 IDE 数据线最多只能连接两个 IDE 硬盘或其他 IDE 设备。这样,一台计算机最多可连接 4 个硬盘或其他 IDE 设备,但是在 PC 机中只可能用其中的一块硬盘来启动系统。因此,如果连接了多块硬盘则必须将它们区分开来,为此硬盘上提供了一组跳线来设置硬盘的模式,硬盘跳线通常位于硬盘的电源接口和数据线接口之间。

硬盘跳线设置有 3 种模式,即单机 Spare、主动 Master 和从动 Slav。单机就是指在连接 IDE 硬盘之前,必须先通过跳线设置硬盘的模式。如果数据线上只连接了一块硬盘,则需设置跳线为 Spare 模式。如果数据线上连接了两块硬盘,则必须分别将它们设置为 Master 和 Slave 模式。通常第一块硬盘也就是用来启动系统的那块硬盘设置为 Master 模式,而另一块硬盘设置为 Slave 模式。设置跳线时,只需用镊子将跳线夹出,并重新安插在正确的位置即可。

在使用一条数据线连接双硬盘时,只能有一个硬盘为 Master,也只能有一个硬盘为 Slave。如果两块硬盘都设置为 Master 或 Slave,那么都可能导致系统不能正确识别安装的硬盘。

不同品牌和型号的硬盘,其跳线指示信息可能有所不同。一般硬盘的表面或侧面标示有跳线指示信息,跳线设置是通过两个跳线帽进行组合设置的,通常情况下只需要将跳线设置在 Master 主动就可以了。如果还要连接第二块硬盘,只需将第二块设置为 Slave 从动,完成跳线设置后,便可将硬盘安装到机箱内,并连接数据线和电源线。

在机箱内找到硬盘驱动器槽口,将硬盘插入驱动器槽内,并使硬盘侧面的螺丝孔与驱动器槽上的螺丝孔对齐,如图 3-13 所示。

用螺丝将硬盘固定在驱动器槽中。在安装的时候,尽量把螺丝拧紧,把硬盘固定稳。因为硬盘经常处于高速运转的状态,这样可以减少噪音以及防止震动。

连接硬盘数据线。将数据线一端插入主板 IDE 接口中,该接口也是有方向性的,通常 IDE 接口上也有一个缺口。正好与数据线的接头相匹配,不会导致接反。在安装时必须使硬盘数据线接头的第一针与 IDE 接口的第一针相对应,主板或 IDE 接口上一般标有一个三角形标记来指示接口的第一针位置,而数据线第一根线上通常会有红色标记和印有字母或花边,如图 3-14 所示。

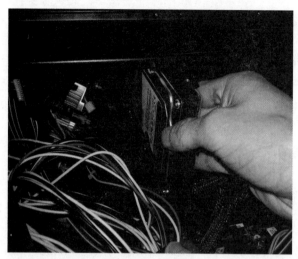

图 3-13　安装硬盘

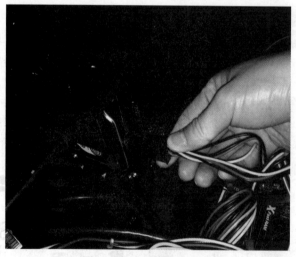

图 3-14　连接硬盘数据线

　　与硬盘连接的数据线接口同样具有方向性，数据线的第一针与硬盘接口的第一针相连接，硬盘接口的第一针通常在靠近电源接口的一边。通常硬盘的数据接口上也有一缺口，与数据线接头上的凸起互相配合，也不会导致接反。选择一根从机箱电源引出的硬盘电源线，将其插入硬盘的电源接口中。

　　为了避免因驱动器的震动造成存取失败或驱动器损坏，建议安装驱动器时在托架上安装并固定所有的螺丝。

　　通常机箱内都预留两个硬盘的空间。如果只需安装一个硬盘，则它一般安装在离软驱较远的位置，这样更有利于散热。

2．安装光盘驱动器

下面介绍安装光驱的操作步骤。光盘驱动器包括 CD-ROM、DVD-ROM 和刻录机，其外观与安装方法都基本一致。

从机箱的面板上取下一个 5 英寸槽口的塑料挡板用来安装光驱。同样为了更好地散热应该尽量把光驱安装在最上面的位置，然后把光驱从前面放进去，如图 3-15 所示。

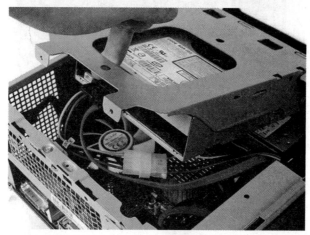

图 3-15　安装光驱

在光驱的每一侧用螺丝固定光驱。

3.3.8　连接机箱内部的线缆

完成了所有大配件的安装后，接下来便是连接数据线及电源线。一般主板会有两个 IDE 插槽及一个软驱插槽。其中 IDE 插槽用于接硬盘和光驱，在安装过程中并没有规定哪一个配件要先安装，哪一个配件后安装。可以调整安装顺序，在安装硬盘驱动器时，先把数据线插好。下面具体介绍光驱的数据线、电源线等的连接方法。

连接数据线时尽量由里往外插，这样会比较方便。同样，也不用担心插错。因为它们都有方向性，都有防插错设计。

把光驱数据线插入主板的 IDE 接口中。

如果只有一个硬盘和一个光驱，而且为了防止跳线的麻烦，可以让光驱和硬盘各自单独使用一个 IDE 接口，如图 3-16 所示。

接着连接各驱动器的数据线，插上光驱的数据线。插数据线时，使数据线有红线的一边与电源线的红线紧挨在一起。插上软驱的数据线，同样要注意数据线的方向。

在机箱面板内还有许多线头，它们是开关、指示灯和 PC 喇叭等连线，需要接在主板上，这些信号线的连接，在主板的说明书上都有详细的说明，如图 3-17 所示。

图 3-16　连接内部线缆

图 3-17　其他信号线

3.3.9　装上机箱侧面板

　　机箱内部的空间并不宽敞，加之设备发热量都比较大。如果机箱内没有一个宽敞的空间会影响空气流动与散热，同时容易发生连线松脱、接触不良或信号紊乱的现象。整理机箱内部连线的具体操作步骤如下：

　　面板信号线的整理。面板信号线都比较细，而且数量较多。不过，只要将这些线用手理顺，然后折几个弯，再找一根常用来捆绑电线的捆绑绳，将它们捆起来即可进行整理。

　　机箱里最乱的就是电源线了。先用手将电源线理顺，将不用的电源线放在一起。这样可以避免不用的电源线散落在机箱内而妨碍日后插接硬件。

固定音频线。因为 CD 音频线是传送音频信号的，所以最好不要将它与电源线捆在一起，避免产生干扰。CD 音频线最好单个固定在某个地方，而且尽量避免靠近电源线。

对 IDE FDD 线的整理。购机时 IDE FDD 线是由主板附送的。它的长度一般都比较长，实际上用不了这么长的线，过长的线不仅占用空间，还影响信号的传输，因此可以截去一部分。

经过一番整理后，机箱内部整洁多了。这样做不仅有利于散热，而且方便日后各配件的添加或拆卸工作，整理机箱的连线还可以提高系统的稳定性。

装机箱盖时，要仔细检查各部件的连接情况，确保无误后，把主机的机箱盖盖上，上好螺丝，主机就安装完成了。

为了最后开机测试时方便检查出问题的所在，此时可以盖上机箱盖后先不拧紧螺丝。

3.3.10　连接鼠标和键盘

将键盘插头接到主机的 PS/2 插孔上，注意接键盘的 PS/2 插孔是靠向主机箱边缘的那一个插孔（现在的键盘接口多以 USB 接口为主，插到相应的 USB 接口即可），如图 3-18 所示。

图 3-18　连接键盘

将鼠标插头接到主机的 PS/2 插孔中，鼠标的 PS/2 插孔紧靠在键盘插孔旁边。如果是 USB 接口的键盘或鼠标，则更容易连接了，只须把该连接口接入机箱中相对应的 USB 接口（PS/2 接口的下面）即可，如果插反则无法插进去，如图 3-19 所示。

注意：现在很多鼠标键盘都是 USB 接口，或者无线键盘鼠标。因此只需要将接收器插进 USB 接口即可，如图 3-20 所示。

另外，还有音箱的连接。该连接有两种情况，通常有源音箱接在 LOUT 口上，无源音箱则接在 SPK 口上。

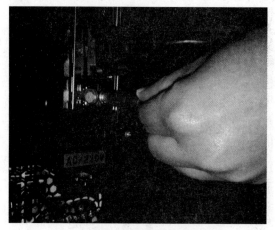

图 3-19　连接鼠标

图 3-20　无线鼠标与接收器

所有的设备都安装完后，就可以启动电脑了。启动电脑后，可以听到 CPU 风扇和主机电源风扇转动的声音，还有硬盘启动时发出的声音，显示器开始出现开机画面，并且进行自检。

如果在启动中没有点亮显示器，可以按照下面的方法查找其原因：

（1）确认给主机电源供电。

（2）确认主板已经供电。

（3）确认 CPU 安装正确，CPU 风扇通电。

（4）确认内存安装正确，并且确认内存是好的。

（5）确认显示卡安装正确。

（6）确认主板内的信号线连接正确，特别是确认 POWER LED 安装无误。

（7）确认显示器与显示卡连接正确，并且确认显示器通电。

至此，硬件的安装就完成了，但是前面已经讲过。要使电脑运行起来，还需要进行硬盘的分区和格式化，然后安装操作系统，再安装驱动程序，如显示卡、声卡等驱动程序。

3.3.11　连接显示器

连接显示器的数据线，数据线的接法也有方向，接的时候要和插孔的方向保持一致，如图 3-21 所示。

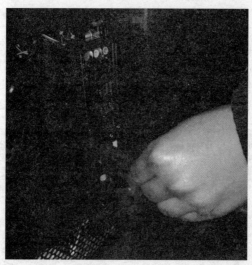

图 3-21　连接显示器

　　在连接显示器的数据线时不要用力过大，以免损坏插头中的针脚。只要把数据线插头轻轻插入显示卡的插座中，然后拧紧插头上的两颗固定螺栓即可。

　　连接显示器的电源线。根据显示器的不同，有的将电源连接到主板电源上，有的则直接连接到电源插座上。

3.3.12　连接电源线

　　连接主机的电源线，如图 3-22 所示。

图 3-22　连接电源线

3.3.13　开机测试

加电自检又称为开机自我检测（Power-On Self-Test，POST），是计算机 BIOS 的一个功能，在开机后会运行，针对计算机硬件（如 CPU、主板、存储器等）进行检测，结果会显示在固件可以控制的输出接口，像屏幕、LED、打印机等设备上，如图 3-23 所示。

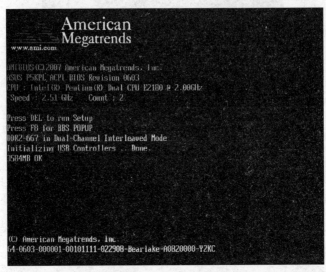

图 3-23　开机自检

3.4　习题

1. 组装计算机前的准备工作有哪些？
2. 常用的组装工具有哪些？
3. 组装过程中的注意事项有哪些？

4

操作系统及软件安装

- 掌握 Windows 7 操作系统的安装
- 掌握驱动程序的安装方法
- 掌握网络连接的配置

- 系统优化设置
- 网络连接的类型

4.1 安装操作系统——以 Windows 7 为例

操作系统的安装方法有很多种，包括但不限于光盘、软盘、U 盘启动盘等。现以 U 盘启动盘安装 Windows 7 为例，概述操作系统的安装方法。

4.1.1 操作系统安装前准备

在安装操作系统之前，首先要让计算机能进入安装操作系统的状态才行，而要进入这个状态需要以下工具：

（1）可以引导系统的光盘或 U 盘。

（2）DOS 分区工具（如 F32 等）。

（3）主板、显卡、声卡、等的驱动。

（4）常用工具软件（如播放软件、游戏软件、杀毒软件、系统补丁、聊天工具等）。

4.1.2 硬盘分区与格式化

Windows 7 操作系统的磁盘分区与格式化在操作系统的安装完成过程中可以直接配置磁盘分区和执行格式化操作，也可以通过操作系统自带的磁盘管理器或第三方软件操作。首先介绍第一种方法。

准备并插好 U 盘安装盘并插在电脑主机上开机，出现如图 4-1 画面，正在准备安装。

windows is loading files...

图 4-1　Windows 正在加载文件

然后进入安装向导，可以根据需要选择要安装的语言、时间和货币格式、键盘和输入方法，然后单击"下一步"，如图 4-2 所示。

在弹出的对话框中单击"现在安装"，如图 4-3 所示。

图 4-2　安装向导

图 4-3　现在安装

　　然后等待安装程序启动，如图 4-4 所示。

　　接着在弹出的对话框里单击"接受条款"并且单击"下一步"按钮，打开磁盘分区和格式化的对话框，如图 4-5 所示，选择你想安装的分区。

图 4-4　安装程序正在启动

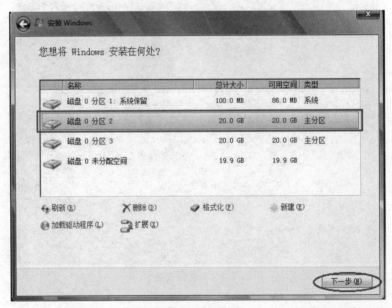

图 4-5　磁盘分区

打开驱动器选项，选择要格式化的磁盘，然后单击下一步，如图 4-6 所示。

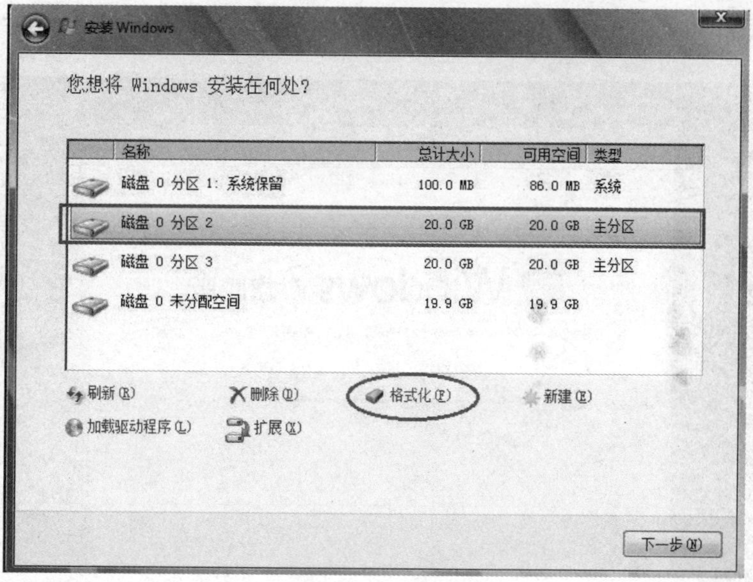

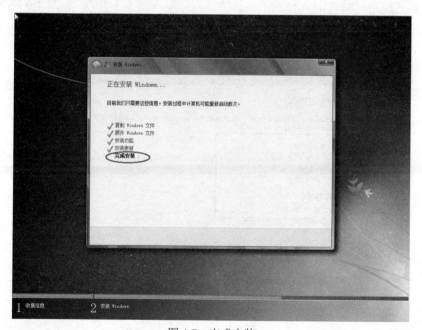

图 4-6　格式化磁盘

　　等待系统文件全部展开，系统会自动重启。等待系统重启后，系统尚未完全安装完毕，还要进行最后的安装，如图 4-7 所示。

图 4-7　完成安装

　　再次重启后，进入 Windows 7 桌面，系统第一次启动，将会检测视频性能。在弹出的第一个对话框输入自己喜欢或者需要的用户名，并单击"下一步"，如图 4-8 所示。

图 4-8　输入用户名

是否需要系统密码请自由选择，不需要的话直接单击"下一步"，如图 4-9 所示。

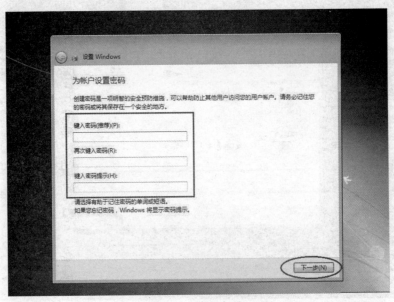

图 4-9　输入密码

新的对话框要求我们输入产品密钥，输入密钥并激活，单击"下一步"。弹出的对话框是计算机自动保护程序的选择，根据自己的需求进行选择，并单击"下一步"，如图 4-10 所示。

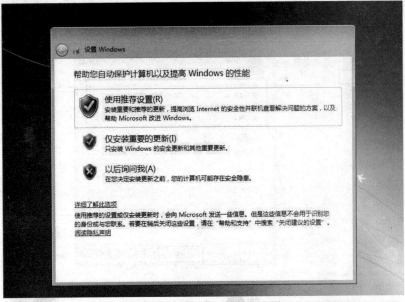

图 4-10　自动保护程序的选择

新安装的系统桌面只有一个回收站，此时右击桌面选择"个性化"，如图 4-11 所示。

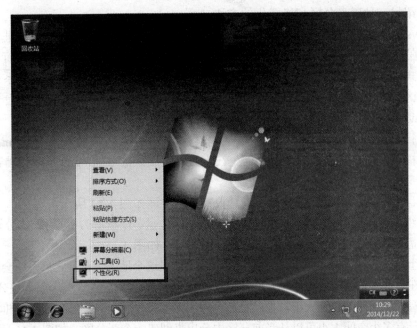

图 4-11　选择个性化

在弹出的对话框左边选择"更改桌面图标",将自己需要的打勾并确定,再回到桌面系统即设置成功了,如图 4-12 所示。

图 4-12　桌面图标设置

下面介绍另一种磁盘分区和格式化的方法。

Windows 7 操作系统本身就自带了很多系统管理配置工具,例如对硬盘分区进行调整的磁盘管理器。在安装 Windows XP 系统时需要使用一些第三方软件来对硬盘分区进行管理,如新建分区、格式化、调整分区大小、合并分区等多种操作。而在安装 Windows 7 系统时则不必在意如何分区,分区的硬盘大小调整操作都可以放到系统安装完成后进行。下面看一下如何在已安装 Windows 7 的电脑上调整硬盘分区的大小。

首先运行磁盘管理工具:单击左下角的微软图标,在搜索框中输入 diskmgmt.msc,为了确保管理员权限,不要直接按回车键,而是在上方搜索结果的 diskmgmt.msc 处单击右键,选择以管理员身份运行,如图 4-13 所示。

打开磁盘管理工具,此时磁盘管理工具被打开,界面如图 4-14 所示。

下面介绍如何压缩一个分区(也就是我们看到的 C 盘、D 盘等),分出一部分建立一个新的分区。在需要减少大小的盘符上点右键选择压缩卷,如图 4-15 所示。

在分区上单击右键选择压缩卷,格式化磁盘也可以在这个地方进行,之后系统会弹出一个提示窗口"正在查询卷以获取可用压缩空间,请稍候"。分析完成后会出现一个新调整分区对话框。在上面可以看到压缩前的总计大小,也就是分区总的容量尺寸大小值。"输入压缩空间量(MB)"处的数字表示有多少空间大小可以从当前分区中分出来创建一个新分区,如图 4-16 所示。

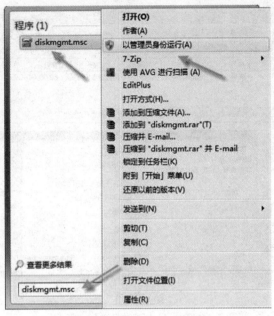

图 4-13　磁盘分区与格式化

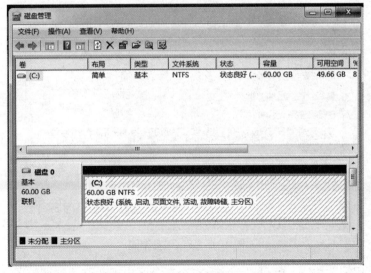

图 4-14　Windows 7 磁盘管理工具界面

　　在"输入压缩空间量（MB）"的输入框中输入新分区的大小值，这个数字不能比原来输入框中的数值大。这里是用 MB 计算的，一般现在硬盘大小都是以 GB 计算的。可以简单地认为 1000MB 等于 1GB，比如你需要 10GB 的空间，就在输入框中输入 10000，以此类推。但是系统是按 1GB=1024MB 算的，所以 10000MB 最后得出的大小会稍微小于 10GB。

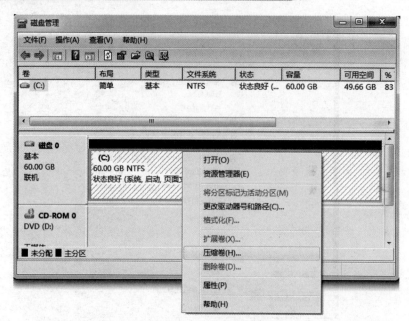

图 4-15　Windows 7 磁盘管理工具界面

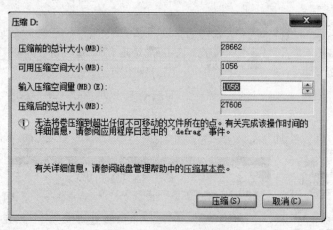

图 4-16　压缩磁盘空间

　　然后单击"压缩"按钮，就可以看到有一个新分区出现在刚才被调整了大小的分区后面。此时就可以在新分区上创建卷，然后格式化就可以使用新了。可以看出微软自带的系统工具已经足够强大了，而且因为它是系统自带的工具，所以稳定性相对第三方的工具要高不少。以前在安装 Windows XP 时要调整分区往往还需要重启系统，并且有失败的风险。如果系统是 Windows 7 系统，建议最好使用系统自带的分区管理工具进行分区调整操作。

4.1.3 系统安装注意事项与安装类型

Windows 7 操作系统分为 32 位与 64 位，下面简单介绍两种的区别。

1. 定位不同

64 位操作系统的设计初衷是：满足机械设计和分析、三维动画、视频编辑和创作，以及科学计算和高性能计算应用程序等领域中需要大量内存和浮点性能的客户需求。换句简明的话说就是：它们是高科技人员使用本行业特殊软件的运行平台。而 32 位操作系统是为普通用户设计的。

2. 要求配置不同

64 位操作系统只能安装在 64 位电脑上（CPU 必须是 64 位的）。同时需要安装 64 位常用软件以发挥 64 位（X64）的最佳性能。32 位操作系统则可以安装在 32 位（32 位 CPU）或 64位（64 位 CPU）电脑上。当然，32 位操作系统安装在 64 位电脑上，其硬件恰似"大马拉小车"，64 位效能就会大打折扣。

3. 运算速度不同

关于 32 位和 64 位系统的差别，这里首先要了解一下 CPU 的架构技术，通常我们可以看到在计算机硬件上会有 X86 和 X64 的标识，其实这是两种不同的 CPU 硬件架构，X86 代表32 位操作系统，X64 代表 64 位操作系统。那么这个 32 位和 64 位中的"位"又是什么意思呢？相对于 32 位技术而言，64 位技术的这个位数指的是 CPU GPRs（General-Purpose Registers，通用寄存器）的数据宽度为 64 位，64 位指令集就是运行 64 位数据的指令，也就是说处理器一次可以运行 64bit 数据。举个通俗易懂但不是特别准确的例子：32 位的吞吐量是 1M，而 64位吞吐量是 2M。即理论上 64 位的系统性能比 32 位的提高 1 倍。

4. 寻址能力不同

64 位处理器的优势还体现在系统对内存的控制上。由于地址使用的是特殊的整数，因此一个 ALU（算术逻辑运算器）和寄存器可以处理更大的整数，也就是更大的地址。比如，Windows Vista X64 Edition 支持多达 128 GB 的内存和多达 16 TB 的虚拟内存，而 32 位 CPU 和操作系统最大只可支持 4G 内存。

总之，要实现真正意义上的 64 位计算，光有 64 位的处理器是不行的，还必须得有 64 位的操作系统以及 64 位的应用软件才行，三者缺一不可，缺少其中任何一种要素都是无法实现64 位计算的。64 位是计算机发展的趋势。

4.1.4 安装驱动程序

（1）连接硬件设备并启动，然后打开计算机属性，如图 4-17 所示。

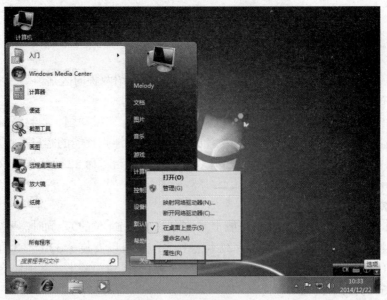

图 4-17　打开计算机属性

（2）在属性窗口中，找到左侧选项，选择"设备管理器"，如图 4-18 所示。

图 4-18　选择设备管理器

（3）按这个方法来设置。选择要设置的设备并单击右键，选择"搜索驱动程序软件"或"更新驱动程序软件"，如图 4-19 所示。

图 4-19　选择更新驱动软件

（4）在弹出的对话框中选择"自动搜索更新的驱动程序软件"进行搜索，如果 Windows 7 的驱动库中有，就会自动下载并安装，如图 4-20 所示。

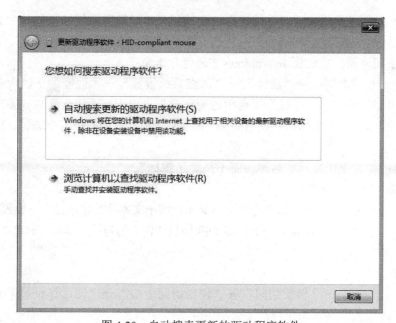

图 4-20　自动搜索更新的驱动程序软件

（5）等待安装向导检测完毕，然后按照提示安装驱动和更新驱动。如果驱动已经完成安装，就会出现如图 4-21 中的提示，这就说明驱动已经是最新的了。

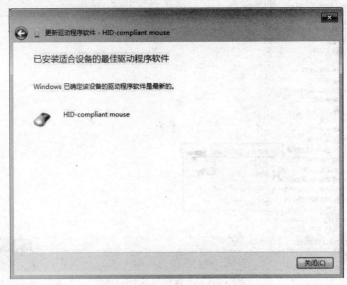

图 4-21　驱动安装成功

4.1.5　系统设置

安装完 Windows 7 系统后对系统进行一定的优化也是提升系统性能的一个必要项目，下面介绍几种优化性能的系统设置。

1. 通过关闭特效，有效提高 Windows 7 的运行速度

右键单击"我的电脑"→"属性"→"高级系统设置"→"性能"→"设置"→"视觉效果"，选中"平滑屏幕字体边缘"、"启用透明玻璃"、"启用桌面组合"、"在窗口和按钮启用视觉样式"、"在桌面上为图标标签使用阴影"5 项复选框，其余的把勾全去掉，可以马上感觉到速度快了不少，而视觉上几乎感觉不到变化。

另外还可以勾选上"显示缩略图，而不是显示图标"。

2. 可提高文件打开速度的设置

单击"控制面板"→"硬件和声音"→"显示或缩小文本及其他项目"→设置"自定义文本大小（DPI）"，去掉"使用 Windows XP 风格 DPI 缩放比例"的勾选，单击"确定"按钮，并按照提示，注销计算机。

3. 轻松访问

单击"控制面板"→"轻松访问"→"轻松访问中心"→"使计算机易于查看"→勾选"关闭所有不必要的动画（如果可能）"。

4. 更改"Windows 资源管理器"默认打开的文件夹

启动参数的命令格式为：%SystemRoot%explorer.exe/e，〈对象〉/root，〈对象〉/select，〈对象〉。

单击"开始"→"所有程序"→"附件"→"Windows 资源管理器"→"右击"→"属性"→"快捷方式"选项卡→"目标"修改为"%windir%\explorer.exe/e，D:\Downloads"，单击"确定"按钮。然后右击"Windows 资源管理器""→"锁定到任务栏"。

5. 修改"我的文档""桌面""收藏夹""我的音乐""我的视频""我的图片""下载"等文件夹的默认位置

方法一："cmd"→"regedit"，修改"[HKEY_CURRENT_USER\Software\Microsoft\Windows\Current Version\Explorer\User Shell Folders]"。

方法二：系统盘→用户→"当前用户名"，分别右击上述文件夹→属性→位置→移动。

6. 更改"IE 临时文件夹"位置

打开 IE 浏览器→"Internet 选项"→"常规"选项卡"→"设置"按钮"→"移动文件夹"按钮→选择。

7. 系统自动登录

"cmd"→"control user passwords2"→去掉"要使用本机，用户必须输入用户名和密码"复选框的勾。

8. 关闭系统休眠

"cmd"→"powercfg -h off"。

9. 去除历史纪录

"cmd"→"gpedit.msc"→打开"本地组策略编辑器"。

（1）计算机配置→管理模板→系统→关机选项→关闭会阻止或取消关机（启动）。

（2）用户配置→管理模板→"开始"菜单和任务栏→不保留最近打开的历史（启用）。

（3）用户配置→管理模板→"开始"菜单和任务栏→退出系统时清除最近打开的文档的历史（启用）。

（4）用户配置→管理模板→Windows 组件→Windows 资源管理器→在 Windows 资源管理器搜索框中关闭最近搜索条目的显示（启用）。

4.2　网络连接及配置

4.2.1　连网要求

连接网络的基本要求是已经安装好了操作系统以及网卡的相关驱动程序。

4.2.2　与 Internet 连接

局域网接入 Internet 的方式有多种，对于大、中型局域网来说，通常使用交换机、路由器或专线连接 Internet；对于小型局域网、家庭用户来说，通常使用 ADSL、ISDN 或拨号连接 Internet。

调制解调器俗称"猫"，它的作用是在电脑与互联网之间拨入电话号码并处理数据的传输。调制解调器将电脑中的数据代码转换成可以在电话线上传输的高调制音频信号（称为"调制"），位于另一端的 ISP 电脑的调制解调器再将该音频信号转换为电脑数据代码（称为"解调"）。

1. 安装调制解调器

安装调制解调器时，首先应将调制解调器与计算机及电话网、电话机连接起来，再打开调制解调器的电源开关，然后启动计算机并安装调制解调器的驱动程序。

安装调制解调器驱动程序的操作步骤如下：

（1）在桌面上单击"开始"按钮，在打开的菜单中选择"设置"中的"控制面板"命令，打开"控制面板"窗口。

（2）在"控制面板"窗口中双击"电话和调制解调器选项"图标，打开"电话和调制解调器选项"对话框。

（3）在"调制解调器"选项卡中单击"添加"按钮，打开"添加/删除硬件向导"对话框，选择"不要检测我的调制解调器：我将从列表中选择"复选框。

（4）单击"下一步"按钮，打开对话框。单击"从磁盘安装"按钮，可以从硬件所带的驱动盘中选择所需的驱动程序，然后根据屏幕提示的信息完成安装。

（5）如果不选择"从磁盘安装"，用户可根据实际情况，从对话框中选择与所用调制解调器相符的型号。然后单击"下一步"按钮，在弹出的对话框中选择 COM2 端口。

（6）单击"下一步"按钮，打开对话框，提示用户 Windows 正在安装解制解调器。

（7）等待一段时间后，系统将弹出对话框，提示用户已经成功地安装了调制解调器。

（8）在对话框中单击"完成"按钮，返回到"电话和调解制解调器选项"对话框。在"本机安装了下面的调制解调器"列表框中列出了安装的调制解调器。

（9）完成调制解调器的安装后，在对话框中单击"确定"按钮即可。

2. 建立拨号连接

调制解调器安装好后，如果要接入 Internet，还需要建立拨号连接。建立拨号时用户必须有一个由 ISP 提供商提供的服务器号码（即拨号号码）、用户名、用户密码。下面以 263.net 接入 Internet 为例介绍如何建立拨号连接。拨号接入 Internet 的操作步骤如下：

（1）单击"开始"按钮，选择"设置"→"网络和拨号连接"命令，打开"网络和拨号连接"窗口。

（2）双击"新建连接"图标，打开"网络连接向导"对话框。

（3）单击"下一步"按钮，打开"网络连接类型"对话框，选择"拨号到 Internet"单选按钮。

（4）单击"下一步"按钮，打开"Internet 连接向导"对话框，选择"手动设置 Internet 连接或通过局域网（LAN）连接"单选按钮。

（5）单击"下一步"按钮，在打开的对话框中选择"通过电话线和调制解调器连接"单选按钮。

（6）单击"下一步"按钮，在弹出的对话框中输入"区号"、"电话号码"和"国家（地区）名称和代码"等信息。

（7）单击"下一步"按钮，在打开的对话框中输入"用户名"和"密码"。

（8）单击"下一步"按钮，在打开的对话框中输入"连接名"。

（9）单击"下一步"按钮，在打开的对话框中选择"否"单选按钮。

（10）单击"下一步"按钮，此时将打开"Internet 连接向导运行完毕"对话框。

注释：如果在"Internet 连接向导运行完毕"对话框中选中"要立即连接到 Internet，请选中此复选框，然后单击'完成'"复选框，可立即连接到 Internet。此时将打开"拨号连接"对话框，单击"连接"按钮，即可进行连接。

3．使用 ISDN

ISDN（Integrated Services Digital Network）俗称一线通，可以边打电话边上网，通话和数据通信两不误。使用 ISDN 适配器可以用 64kbps 或 128kbps 的速率快速连上 Internet。ISDN 采用端到端数字传输，具有传输安全可靠、不受干扰的优点。

ISDN 将一条电话线划分为 3 个数字频道——其中两个是负责传送数据的"B"频道，也称数据频道，主要负责信息或数据的传送；另一个是"D"频道，负责建立呼叫、断开连接呼叫，以及与电话网的通信等。两条数据频道中的任意一条可以以 56kbps 或 64kbps 的速率传输，也可以将两条频道同时使用，供一个 Internet 连接使用。所以，理论上 ISDN 所能提供的最大流量为 112kbps 或 128kbps，这就比调制解调器的传输速度快了许多。

目前，ISDN 适配器有两大类型，一种是外接式，另一种是内嵌式的。ISDN 适配器既可以连接到一台独立的计算机上，也可以连接到一个网络中。通常，对外接式的 ISDN 适配器使用串行端口连接计算机；对于内嵌式适配器，则在计算机的总线上插一块 ISDN 适配卡。虽然外接式的 ISDN 适配器价格较贵，但它可以获得最大的 ISDN 流量。可是，由于受到计算机端口流速的限制，所以还需要添加特殊的高速串行端口。如果采用内嵌式的 ISDN 适配器，则直接在系统总线上交换数据，所以不需再添加额外的设备。目前，国内所采用的 ISDN 适配器大多数都是内嵌式的。下面就以内嵌式 ISDN 为例，说明 ISDN 的安装过程。

安装 ISDN 的步骤如下：

（1）将 ISDN 适配器与计算机正确连接。

（2）启动计算机，如果用户的 ISDN 适配器支持即插即用，则系统在启动后将自动检测到 ISDN 适配卡。用户可以按照屏幕的提示安装所需的驱动程序，具体安装过程与安装调制解调器相似。

（3）如果系统不能正确识别插入的 ISDN 适配卡，则需用户手动安装其驱动程序。这时系统将 ISDN 设备标识为"网络控制器"。

（4）选择"开始"→"设置"→"控制面板"命令，打开"控制面板"窗口。双击"系统"图标，将打开"系统属性"对话框。

4. 使用 ADSL

ADSL（Asymmetrical Digital Subscriber Loop）即非对称数字用户回路，它使用世界上用得最多的普通电话线作为传输介质，能够提供高达 8Mbps 的高速下载速率和 1Mbps 的上传速率，而其传输距离为 3～5km。

ADSL 能够支持广泛的宽带应用服务，例如高速 Internet 访问、电视会议、虚拟私有网络以及音视频多媒体应用。由于上网与打电话是分离的，所以上网时不占用电话信号，只需交纳网费而没有电话费。

安装 ADSL 必须使用专用的调制解调器，即 ADSL Modem。它的外形比普通的 Modem 略微大一些，面板上有几个指示灯，其后面主要是一些接口。

Windows 7 的网络配置方法如下：

首先，单击桌面右下角任务栏网络图标，并单击"打开网络和共享中心"按钮，如图 4-22 所示。

然后在打开的窗口中单击左侧的"更改适配器设置"，如图 4-23 所示。

图 4-22　打开网络共享中心

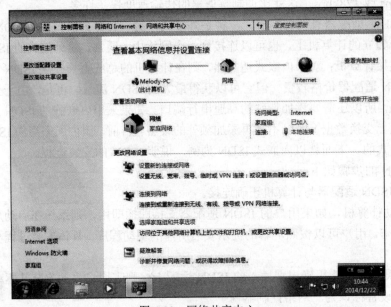

图 4-23　网络共享中心

在打开的"网络和共享中心"窗口中，用鼠标右键单击"本地连接"图标，弹出"本地连接状态"对话框，单击"属性"选项，如图 4-24 所示。

图 4-24　本地连接

在打开的"本地连接 属性"对话框中双击"Internet 协议版本 4（TCP/IPv4）"，如图 4-25 所示。

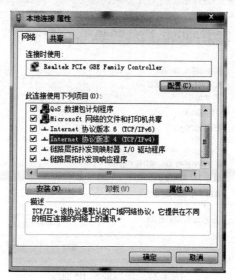

图 4-25　本地连接属性

然后，在打开的对话框中可以选择"自动获得 IP 地址（O）"或者是"使用下面的 IP 地址（S）"；

（1）"自动获得 IP 地址（O）"如图 4-26 所示。

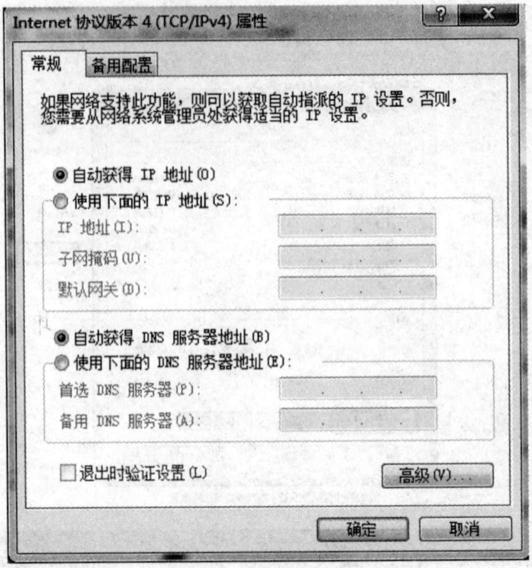

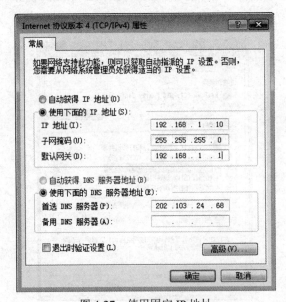

图 4-26　自动获得 IP 地址

（2）"使用下面的 IP 地址（S）"，如图 4-27 所示。

图 4-27　使用固定 IP 地址

IP 地址：192.168.1.XXX（XXX 为 2～254）

子网掩码：255.255.255.0

网关：192.168.1.1

DNS 服务器：可以填写当地的 DNS 服务器地址（可咨询您的 ISP 供应商）。

设置完成后单击"确定"提交设置，再在本地连接"属性"中单击"确定"保存设置。

以上为 Windows 7 系统的网络配置步骤，读者按照上述的步骤操作便可以进行路由器的配置实现上网。

4.3　常用软件的安装

计算机中的软硬件是相辅相成的，没有了软件，硬件就是一堆废铜烂铁，其存在的意义也就微乎其微了。因此，正确地安装软件是让电脑发挥功用的第一步。

4.3.1　Office 办公软件的安装

（1）打开下载后的压缩包，解压缩后可以看到一个名为"Office 2010 安装程序"的文件夹，打开后，找到里面的 setup.exe 程序并双击，如图 4-28 所示。

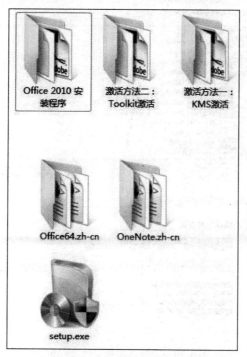

图 4-28　setup.exe 安装程序

（2）在弹出的图 4-29 所示的界面中可以选择"立即安装"，也可以选择"自定义"安装，如果选择"立即安装"，那么将按照程序的默认选项安装。此处选择"自定义"安装。

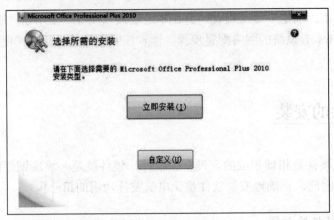

图 4-29　安装向导

（3）在自定义安装里面，可以更改安装选项和安装文件位置，如图 4-30 所示。

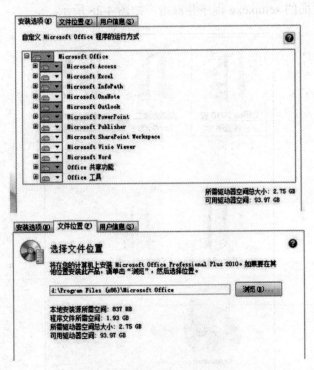

图 4-30　安装选项和安装文件位置

　　安装选项：如果只需要安装常用的 Word、Excel 及 PPT，只需要把其他不需要的程序去掉，但 Office 工具要保留。

　　文件位置：默认为安装在 C 盘，但很多人都喜欢装在 D 盘，此处可根据自己的需要选择合适的位置。

（4）设置完可直接单击"开始安装"，进入如图 4-31 所示的界面，整个安装过程大概需要 3～5 分钟。

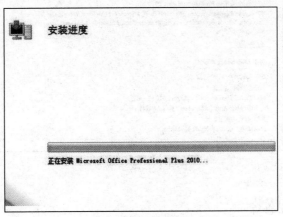

图 4-31　安装进度

（5）安装成功后会提示你进行联网激活，一般都使用 KMS 或者 Toolkit 激活的方法，所以此处可单击取消，然后打开一个新的文档，在帮助菜单里可以看到已经安装的 Office 2010 尚未激活，如图 4-32 所示。

图 4-32　Office 2010 尚未激活

（6）Office 2010 成功激活后如图 4-33 所示。

图 4-33　成功激活

4.3.2　WinRAR 软件的安装

1. 下载压缩软件

从互联网上可以下载压缩软件，常见的有 WinRAR、WinZip、7-Zip 等，也可以从一些工具光盘中获得，是一个可执行程序，如图 4-34 所示。

| winrar-x64-511sc (1).exe | 2014/12/4 20:37 | 应用程序 | 1,965 KB |

图 4-34　winrar.exe 安装程序

2. 安装压缩软件

（1）双击安装文件，出现第一个安装界面，上面是安装位置，中间是简介，单击的"安装"按钮，如图 4-35 所示。

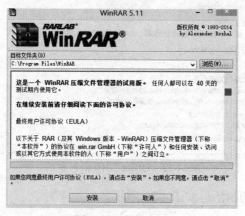

图 4-35　安装向导

（2）安装后出现文件关联界面，在"WinRAR 关联文件"处选中"RAR(R)""ZIP(Z)"和"GZIP"，把其他选项前复选框中的勾去掉。把"界面"处"创建 WinRAR 程序组"复选框的勾也去掉，然后单击"选择关联菜单项目..."，如图 4-36 所示。

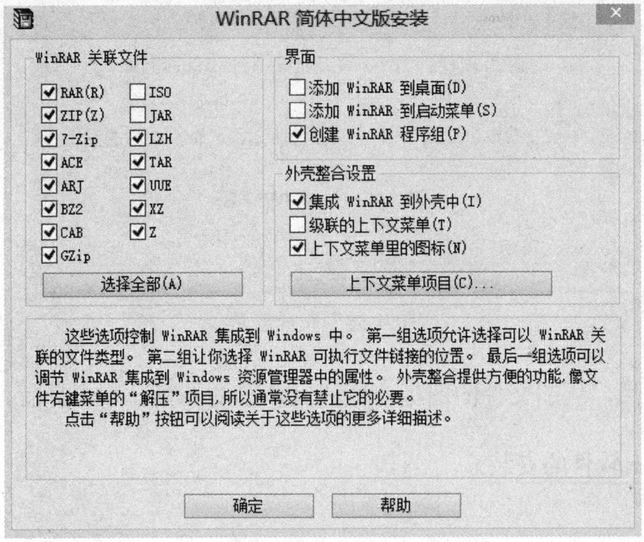

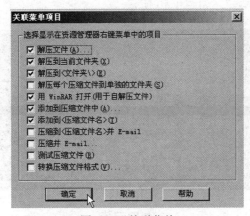

图 4-36　关联文件

（3）在关联菜单界面，把左边前三项和第五项到第七项选中，其他选项不选，然后单击"确定"按钮，如图 4-37 所示。

图 4-37　关联菜单

（4）在弹出的完成界面中提示 WinRAR 需要注册，如果有条件可注册成正式版的，否则 40 天后会出现提示框，单击"完成"就安装好了，如图 4-38 所示。

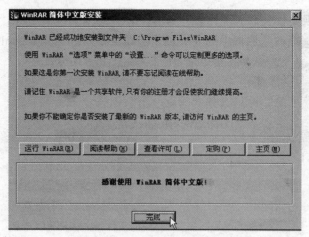

图 4-38　完成安装

（5）安装完成后，压缩文件的图标会变成几本书的图标，双击后就可以打开了。

4.3.3　迅雷 Thunder 软件的安装

1．下载软件

从互联网上可以下载迅雷软件；也可以从一些工具光盘中获得，是一个可执行程序。

2．安装压缩软件

双击安装文件，出现第一个安装界面，设置好安装位置，单击图 4-39 中所示的"快速安装"；也可选择"自定义安装"，如图 4-40 所示。

图 4-39　快速安装

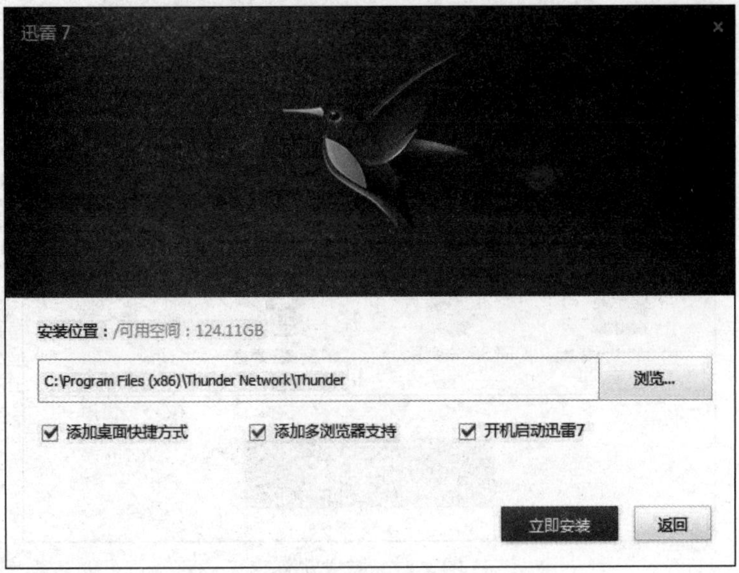

图 4-40　自定义安装

3. 安装完成

单击"立即安装"后，出现如图 4-41 所示的界面，表示正在安装。安装完成后会弹出如图 4-42 所示的对话框。

图 4-41　正在安装

4. 体验迅雷

单击图 4-42 中的"立即体验"可打开迅雷下载软件，如图 4-43 所示。

图 4-42　完成安装

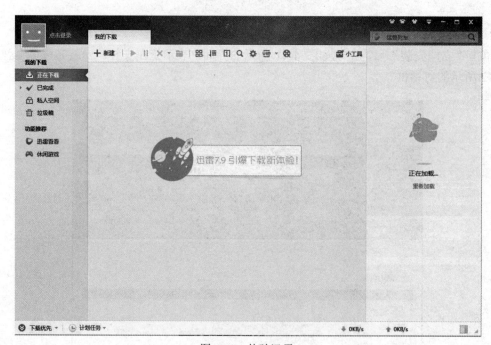

图 4-43　体验迅雷

4.3.4　暴风影音软件的安装

暴风影音安装包下载完毕后，单击"打开文件"或在目标文件夹中找到安装包双击，就可以开始安装暴风影音的步骤。因为在安装过程中选项较多,所以并不能一直单击"下一步"。
下面简单介绍安装步骤:

(1)打开暴风影音安装包,进入暴风影音安装向导,单机"开始安装"按钮,如图 4-44
所示。

图 4-44　暴风影音安装向导界面

(2)选择目标文件夹。选择目标文件夹即选择暴风影音安装的地点。系统默认为 C 盘,
如果不想安装在 C 盘,可以单击"浏览"按钮,重新选择路径及目标文件夹,并选择配件安
装,然后单击"下一步",如图 4-45 所示。

图 4-45　暴风影音安装向导界面 1

（3）选择搭配软件。在这一界面，系统默认勾选了所有软件，可根据自己的需要选择。如果不想安装，将复选框中的√去掉即可。最后单击"下一步"，如图 4-46 所示。

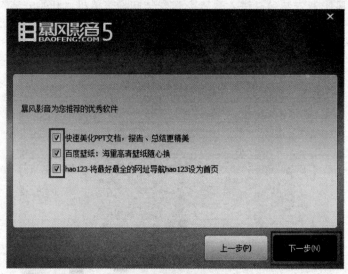

图 4-46　暴风影音安装向导界面 2

（4）暴风影音进入安装状态，当进度条充满，"立即体验"按钮由灰变黑时，单击即可，如图 4-47 所示。

图 4-47　暴风影音安装加载界面

（5）此时暴风影音的安装就完成了，可以开始使用了，如图 4-48 所示。

图 4-48　暴风影音使用界面

4.4　习题

1. 简述安装 Windows 7 操作系统的过程。
2. 简述有哪些软件是装机必备软件？

5

系统优化

学习目标

- 了解注册表的用途和组成
- 掌握注册表的基本应用
- 掌握两种常用的系统优化软件的使用方法

重点难点

- 注册表的组成
- 注册表的应用

在学习了前面的章节以后，大家可以组装出一台自己梦寐以求的个人计算机，但是以为这样就可以拥有性能强大、工作快捷的个人计算机，就还需要大家进一步学习本章的内容。

5.1 注册表的使用

注册表是 Windows 系统存储关于计算机配置信息的数据库，包括了系统运行时需要调用的运行方式的设置。但其烦琐的芝麻型结构导致我们"望表而退"。所以，在这里我们准备用这把钥匙来打开整个注册表，来了解注册表。这样我们便可以修改注册表或使用一些注册表工具来优化我们的系统。

5.1.1 注册表的用途

注册表有很大的用处，功能非常强大，是 Windows 的核心。里面储存着大量的系统信息，通过修改注册表，我们可以对系统进行限制、优化等。注册表里面所有的信息平时都是由

Windows 操作系统自主管理的，也可以通过软件或手工修改。注册表里面有很多系统的重要信息，包括外设、驱动程序、软件、用户记录等，注册表在很大程度上"指挥"电脑怎样工作。

5.1.2　注册表的组成

在注册表中，所有的数据都是通过一种树状结构以键和子键的方式组织起来，十分类似于目录结构。每个键都包含了一组特定的信息，每个键的键名都是它所包含的信息相关的。如果这个键包含子键，则在注册表编辑器窗口中代表这个键的文件夹的左边将有"＋"符号，表示在这个文件夹中有更多的内容。如果这个文件夹被用户打开了，那么这个"＋"就会变成"－"，如图 5-1 所示。

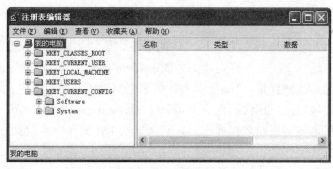

图 5-1　注册表结构

1．注册表

注册表包含有六大根键，六大根键的作用如下：

（1）HKEY_USERS。

该根键保存了存放在本地计算机口令列表中的用户标识和密码列表。每个用户的预配置信息都存储在 HKEY_USERS 根键中。HKEY_USERS 是远程计算机中访问的根键之一。

（2）HKEY_CURRENT_USER。

该根键包含本地工作站中存放的当前登录的用户信息，包括登录用户名和暂存的密码（注：此密码在输入时是隐藏的）。用户登录 Windows XP 时，其信息从 HKEY_USERS 中相应的项拷贝到 HKEY_CURRENT_USER 中。

（3）HKEY_CURRENT_CONFIG。

该根键存放着定义当前用户桌面配置（如显示器等）的数据，最后使用的文档列表（MRU）和其他有关当前用户的 Windows XP 中文版的安装信息。

（4）HKEY_CLASSES_ROOT。

包含注册的所有 ole 信息和文档类型，是从 hkey_local_machine\software\classes 复制的。根据在 Windows XP 中文版中安装的应用程序的扩展名，该根键指明其文件类型的名称。

（5）HKEY_LOCAL_MACHINE。

该根键存放本地计算机硬件数据，此根键下的子关键字包括在 SYSTEM.DAT 中，用来提供 HKEY_LOCAL_MACHINE 所需的信息，或者在远程计算机中可访问的一组键中。

该根键中的许多子键与 System.ini 文件中设置项类似。

（6）HKEY_DYN_DATA。

该根键存放了系统在运行时的动态数据，此数据在每次显示时都是变化的，因此，此根键下的信息没有放在注册表中。

2. 键和子键

注册表通过键和子键来管理各种信息。但是，注册表中的所有信息是以各种形式的键值项数据保存下来。在注册表编辑器右窗格中，保存的都是键值项数据。这些键值项数据可分为如下三种类型：

（1）字符串值。

在注册表中，字符串值一般用来表示文件的描述、硬件的标识等。通常它由字母和数字组成，最大长度不能超过 255 个字符。比如"D:\pwin98\trident"即为键值名"a"的键值，它是一种字符串值类型的。同样地，"ba"也为键值名"MRUList"的键值。通过键值名、键值就可以组成一种键值项数据，这就相当于 Win.ini、Ssyt-em.ini 文件中小节下的设置行。其实，使用注册表编辑器将这些键值项数据导出后，其形式与 INI 文件中的设置行完全相同。

（2）二进制值。

在注册表中，二进制值是没有长度限制的，可以是任意个字节长。在注册表编辑器中，二进制以十六进制的方式显示出来。比如键值名 Wizard 的键值"80 00 00 00"就是一个二进制。

（3）DWORD 值。

DWORD 值是一个 32 位（4 个字节，即双字）长度的数值。在注册表编辑器中，您将发现系统会以十六进制的方式显示 DWORD 值。在编辑 DWORD 数值时，可以选择用十进制还是十六进制的方式进行输入。

5.1.3 注册表的编辑器

既然注册表是一个数据库，自然可以用各类工具进行编辑。本节将介绍几种常用的注册表编辑器。

1. 运行注册表编辑器

Regedit.exe 是作为一个 16 位的注册表编辑器，仍然包含在 Windows XP 中，正是因为它强大的搜索功能，用户同样可以使用 Regedit.exe 更改注册表。它的运行方法是：使用 system32 目录下的 Regedit32.exe；或者在"开始"菜单的"运行"项中输入"regedit"，单击"确定"按钮，如图 5-2 所示。

2. 注册表编辑器功能

Regedit32.exe 增加了以下的功能：

（1）记忆功能。每次启动注册表编辑器后能自动定位到上次关闭时所在的位置。

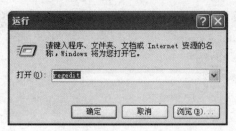

图 5-2 运行注册表编辑器

（2）收藏夹功能。用户可以通过该项功能，在修改注册表时将经常访问的一些地址加入到收藏夹中，方便日后使用。

（3）直接查看键值类型。在编辑器窗口中除了可以看到键值名称和数据外，还可以看到键值类型。

5.1.4 注册表的备份

注册表是以二进制方式存储在硬盘上。在修改注册表的时候难免会引起一些问题，甚至是致命的故障。那么对注册表文件进行备份和恢复就具有非常重要的意义。除此之外，还可以将注册表中的某一主键或子键保存为文本文件，并且打印出来，用来研究注册表的结构。

1. 用注册表编辑器直接导出注册表备份

所谓直接导出注册表，便是用 Windows XP 自带的注册表编辑器 Regedit.exe 里面的功能备份注册表；可以在成功运行注册表编辑器后，通过单击"注册表"菜单下的"导出"命令实现，如图 5-3 所示。

图 5-3 导出命令

可以选择导出范围，如图 5-4 所示。

（1）选择"全部"项时，系统会将注册表文件备份在硬盘上，生成扩展名为.reg 的文件。

（2）选择"所选分支"项时，便可以保存某一个根键，或者某一个主键（子键）。

在 Windows XP 系统中，在保存某些根键或子键时，会因为其使用的用户不同，或是该根键或子键正在被系统使用，会提示禁止访问的警告。

图 5-4　导出文件保存

2. 在 DOS 模式下备份注册表

首先计算机启动并进入 DOS 环境，进行如下操作：

cd windows

attrib –r –h –s system.dat

attrib –r –h –s user.dat

执行上述操作的结果是将这两个文件的属性改为非只读、可见和非系统，这样的文件才可供复制。

Copy system.dat system().dat

Copy user.dat user().dat

System().dat 与 user().dat 这两个文件就是备份后的文件名。以后不管注册表坏到什么程度，只要把这两个文件复制回去就可以了，而且能恢复到备份时的状态。

attrib +r +h +s system.dat

attrib +r +h +s user.dat

重新将这两个文件的属性恢复成只读、隐藏和系统文件。

操作完成后，重新启动计算机。

5.1.5　注册表的恢复

在注册表损坏时，如何恢复到系统正常状态时的注册表。通常有如下几种方法。

1. 重新启动系统

Windows XP 注册表中的许多信息都是保存在内存中的，如 HKEY_DYN_DATA 根键中的子键信息。用户可以通过重新将硬盘中的信息调入内存来修正各种错误。每次启动系统时，注册表都会把硬盘中的信息调入内存。

2. 使用安全模式启动

如果在启动 Windows XP 系统时遇到注册表错误，则可以在安全模式下启动。即在启动时，按 "F5" 键，Windows XP 将在安全模式下启动，此时系统可以自动修复注册表问题。

3. 使用 System.lst 恢复系统注册表

如果 Windows XP 启动或者运行时故障太多，而且也没有给 Windows XP 的系统注册表做过备份，或者根本启动不了 Windows XP，则可以使用 System.lst 恢复系统注册表。

Windows XP 在成功安装后会把第一次正常运行时的 Windows XP 系统信息保存在启动盘根目录下的 System.lst 文件中，这个文件的属性是 HSR（隐藏、系统、只读）的，并且此文件不会随 Windows XP 系统配置的改变而改变。因此，用户在没有其他办法的情况下，可使用这个文件进行最保守的恢复。

下面介绍使用 System.lst 恢复系统注册表的操作步骤（Windows XP 安装在 C:\Windows 目录下）。

在 DOS 环境下，执行如下命令：

Attrib –h –r –s C:\System.lst

Attrib –h –r –s C:\Windows\System.dat

Copy C:\System.lst C:\Windows\System.dat

Attrib +h +r +s C:\System.lst

Attrib +h +r +s C:\Windows\System.dat

返回到 Windows XP 环境下，重新启动计算机即可。

4. 重新安装

当用户很难找到导致注册表毁坏的原因时，可以重新安装驱动程序、应用程序或者 Windows XP 操作系统。虽然重新安装 Windows XP 会花费比较长的时间，但是与查找注册表中的错误相比，能节省不少时间。

为了帮助用户快速地安装 Windows XP，下面介绍一种简单快捷的方法，操作步骤如下：

（1）将 Windows XP 光盘中根目录下的所有文件复制到 D:\Windows 目录中。

（2）在 DOS 提示符下输入 Smartdrv 10 240 10 240（创建 10MB 的磁盘高速缓冲区）。

（3）在 DOS 提示符下输入 D:\Windows，开始安装 Windows XP。

5.1.6　修改注册表

1. 添加键值

添加键值步骤如下：

（1）打开注册表列表，直到出现要在其中添加新值的文件夹。

（2）用鼠标右键单击要在其中添加新值的文件夹。

（3）鼠标指向"新建"，然后单击要添加的值的类型："字符串值"、"二进制值"或"双字节值"。将出现一个具有临时名称的新值，如图 5-5 所示。

（4）为新值键入一个名称，然后按 Enter 键。

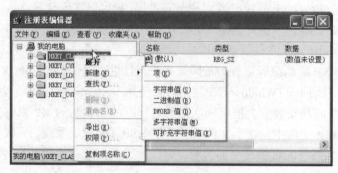

图 5-5　添加键值

2. 修改值

（1）双击要更改的值。

（2）在"编辑字符串"对话框中，通过输入一个新的值来更改数值数据，如图 5-6 所示。

（3）单击"确定"保存所做更改。

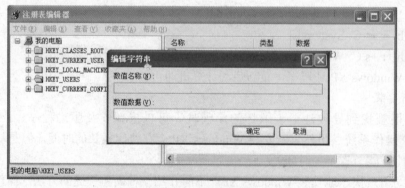

图 5-6　修改键值

5.1.7　注册表优化的综合使用

1. 系统优化

（1）加快窗口显示速度操作。

可以通过修改注册表来改变窗口从任务栏弹出，以及最小化回归任务栏的动作，步骤如下：

- 打开注册表编辑器，找到 HKEY_CURRENT_USER\Control Panel\Desktop\Window-Metrics 子键分支，如图 5-7 所示，在右边的窗口中找到 MinAnimate 键值，其类型为 REG_SZ，默认情况下此键值的值为 1，表示打开窗口显示的动画。

图 5-7 注册表对应键值

- 把该键值改为 0，则禁止动画的显示。
- 接下来从开始菜单中选择"注销"命令，激活刚才所作的修改即可。

（2）修改磁盘缓存以加速 Windows XP 操作。

磁盘缓存对 Windows XP 运行起着至关重要的作用，但是默认的 I/O 页面文件比较保守。所以，对于不同的内存，采用不同的磁盘缓存是比较好的做法。

- 在"开始"菜单的"运行"项中运行 regedit 命令。
- 找到 HKEY_LOCAL_MACHINE\SYSTEM\CurrentControlSet\Control\Session Manager\Memory Management\IoPageLockLimit 子键分支。
- 根据你的内存修改其十六进制值：

  64M：1000；

  128M：4000；

  256M：10000；

  512M 或更大：40000。

- 重启计算机即可。

（3）加快开机及关机速度操作。

在 Windows XP 中关机时，系统总会发送消息到运行程序和远程服务器，通知它们系统要关闭，并等待接到回应后系统才开始关机。如果要加快开机速度，可以先设置自动结束任务的时间。实现步骤如下：

- 打开注册表编辑器，依次展开 HKEY_CURRENT_USER\Control Panel\Desktop 分支，找到 AutoEndTasks 子键，将其设置为 1，如图 5-8 所示。

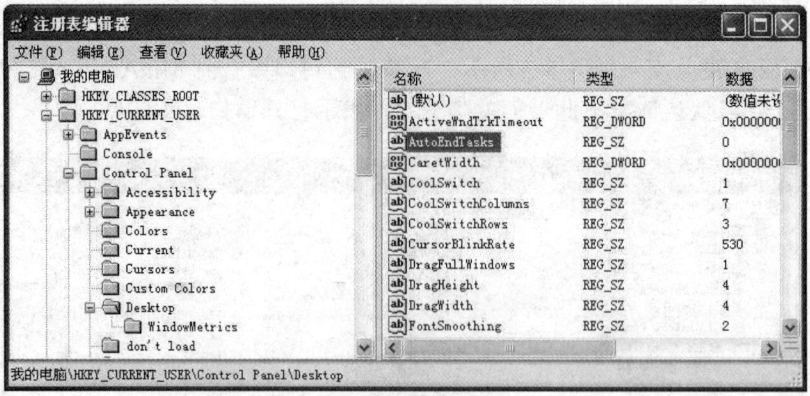

图 5-8　注册表对应键值

- 再将该分支下的"HungAppTimeout"子键设置为"1000"，将"WaitToKillAppTimeout"改为"1000"（默认为5000）即可，如图5-9、图5-10所示。

图 5-9　注册表对应键值

图 5-10　注册表对应键值

通过这样重新设置，计算机的关机速度可获得明显加快的效果。

（4）加快宽带接入速度操作。

- 在"开始"菜单的"运行"项中输入 regedit。
- 在 HKEY_LOCAL_MACHINE\SOFTWARE\Policies\Microsoft\Windows 子键，增加一个名为"Psched"的项，在"Psched"右面窗口增加一个 Dword 值"NonBestEffortLimit"，数值数据为"0"，如图 5-11 所示。

图 5-11　新建注册表对应键值

（5）加速菜单显示操作。

- 先在"显示属性"对话框的"外观"选项卡中单击"效果"按钮，如图 5-12 所示。弹出"效果"对话框，将"为菜单和工具提示使用下列过渡效果"处的"淡入淡出效果"改为"滚动效果"，如图 5-13 所示。

图 5-12　"显示属性"对话框

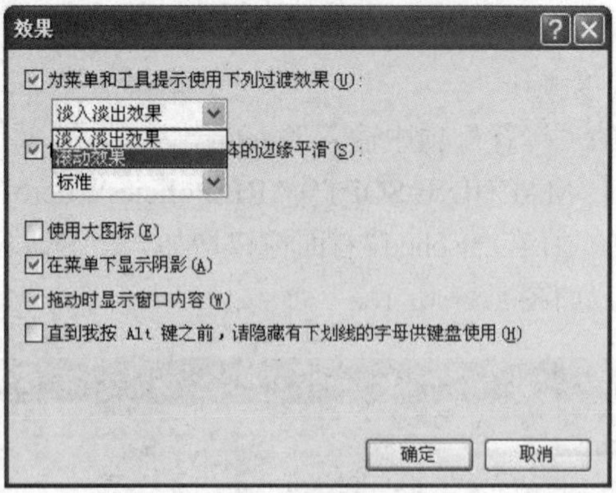

图 5-13 "效果"对话框

- 然后定位到 HKEY_CURRENT_USER\Control Panel\Desktop\分支，在右边窗口中双击键值名"MenuShowDelay"，将默认的值改为 0 或比 400 小的数值即可，如图 5-14所示。

图 5-14 修改对应键值

（6）系统级图标的删除操作。

将 HKEY_LOCAL_MACHINE\SOFTWARE\Microsoft\Windows\CurrentVersion\Explorer\Desktop\NameSpace 中对应的分支主键删除即可，如图 5-15 所示。

（7）添加控制面板中的组件到开始菜单中的操作。

在 HKEY_CLASSES_ROOT\CLSID 中查找关键字"控制面板"，找到时记下相应的主键值（例如系统内的键值为{21EC2020-3AEA-1069-A2DD-08002B30309D}）然后在 C:\WINDOWS\STARMENU 中建立名为"控制面板{21EC2020-3AEA-1069-A2DD-08002B30309D}"的文件夹即可。

（8）加快自动刷新率操作。

- 在"开始"菜单的"运行"项中输入"Regedit"。

图 5-15　删除对应的键值

● 在注册表编辑器中定位到 HKEY_LOCAL_MACHINE\SYSTEM\CurrentControlSet\
Control\Update，将 Dword "UpdateMode" 的数值数据更改为 "0"，如图 5-16 所示，
重新启动即可。

图 5-16　修改 "UpdateMode" 键值

（9）减少开机滚动条滚动次数。

启动 Windows XP 的时候，蓝色的滚动条都会走上好几圈，其实完全可以把它的滚动时间
减少，以加快启动速度。实现步骤如下：

● 在 "开始" 菜单的 "运行" 项中输入 "regedit" 命令，如图 5-17 所示。

图 5-17　运行注册表编辑器

- 打开注册表编辑器，依次展 HKEY_LOCAL_MACHINE\SYSTEM\CurrentControlSet\
  Control\Session Manager\Memory Management\PrefetchParameters 分支，在右侧窗口中
  找到"EnablePrefetcher"子键，把它的默认值"3"修改为"1"，如图 5-18 所示。

图 5-18　修改"EnablePrefetcher"子键

- 接下来用鼠标右键在桌面上单击"我的电脑"，选择"属性"命令，在打开的窗口中
  选择"硬件"选项卡，单击"设备管理器"按钮。在"设备管理器"窗口中展开"IDE
  ATA/ATAPI 控制器"，如图 5-19 所示，双击"次要 IDE 通道"选项，在弹出的对话
  框中选择"高级设置"选项卡，在"设备 0"中的"设备类型"中，将原来的"自动
  检测"改为"无"，单击"确定"按钮后退出，如图 5-20 所示。"主要 IDE 通道"的
  修改方法同样处理。

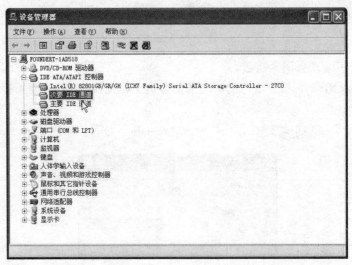

图 5-19　设备管理器

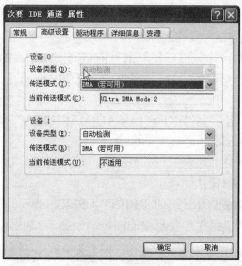

图 5-20　通道属性窗口

- 最后重新启动计算机即可。

2. 网络和 IE

（1）彻底删除 Internet Explorer 工具列表上其他图标的操作。

- 在"开始"菜单的"运行"项中输入"regedit"。
- 在注册表编辑器中定位到 HKEY_LOCAL_MACHINE\SOFTWARE\Microsoft\Internet Explorer\Extensions，检查各数字文件夹的内容，将不需要的整个文件夹删除便可，如图 5-21 所示。

图 5-21　删除对应的文件夹

（2）删除 Internet Explorer 工具栏上其他工具项目的操作。

- 在"开始"菜单的"运行"项中输入"regedit"。
- 在注册表编辑器中定位到 HKEY_LOCAL_MACHINE\SOFTWARE\Microsoft\Internet

Explorer\toolbar，检查各项内容，将不需要的项目删除便可。

（3）禁止使用代理服务器的操作。

代理服务器的用途很大，比如可以使原来只能访问国内站点的电脑，在使用代理服务器后，可以访问国外站点。但代理服务器的使用也会带来不利的地方，因此，可以通过注册表来禁止使用代理服务器。

- 在注册表编辑中定位到 HKEY_LOCAL_MACHINE\Config\0001\Software\Microsoft\Windows\CurrentVersion\Internet Settings。

- 在右边的窗口中新建二进制"ProxyEnable"的键值为"00 00 00 00"。

（4）清理 IE 网址列表的操作。

在注册表编辑器中定位到 HKEY_CURRENT_USER\Software\Microsoft\Internet Explorer\TypedURLs，在右边的窗口中删除想要删除的网址，如图 5-22 所示。

图 5-22　删除子键中的网址

（5）禁止使用网上邻居的操作。

在注册表编辑器中定位到 HKEY_USERS\.DEFAULT\Software\Microsoft\Windows\CurrentVersion\Policies\Explorer，在右边窗口中创建 DWORD 值"NoNetHood"，并设为"1"，如图 5-23 所示。

图 5-23　新建"NoNetHood"子键

（6）禁止打印机和文件夹共享的操作。

- 在注册表编辑器中定位到 HKEY_CURRENT_USER\Software\Microsoft\Windows\CurrentVersion\Policies\Networkr。
- 键值"NoPrintSharingControl"=dword：00000001，作用：禁止打印机共享。
- 键值"NoFileSharingControl"=dword：00000001，作用：禁止文件共享。

（7）使 IE 窗口打开后即为最大化的操作。

有时在我们使用 IE 浏览器时，不知道什么原因窗口就变小了，每次重新启动 IE 都是一个小窗口，即使用"最大化"还是无济于事。其实这是 IE 所具有的一种"记忆"结果，即下次重新开启的窗口默认是最前一次关闭的状态。要使它重新变大，可进行如下操作。

- 在注册表编辑器中定位到 HKEY_CURRENT_USER\Software\Microsoft\Internet Explorer\Main\，在右边窗口中删除"Windows_Placement"键。
- 另外，在 HKEY_CURRENT_USER\Software\Microsoft\Internet Explorer\Desktop\Old Work-areas 右边的窗口中删除"OldWorkAreaRects"键，
- 关闭注册表，重新启动计算机，连续两次最大化 IE（即"最大化"→"最小化"→"最大化"），再次重启 IE 即可。

（8）禁用自动完成保存密码的操作。

在 HKEY_LOCAL_USER\Software\Policies\Microsoft\Internet Explorer\Control Panel 下新建一个名为"FormSuggest Passwords"的 DWORD，然后赋值为"1"。

（9）禁用更改主页设置的操作。

在 HKEY_LOCAL_USER\Software\Policies\Microsoft\Internet Explorer\Control Panel 下新建一个名为"HomePage"的 DWORD，然后赋值为"1"。

3. 系统安全

（1）禁止用户更改口令的操作。

用户在 Windows 安全窗口中（同时按下 Ctrl+Alt+Delete 键）可以单击"更改密码"按钮来更改用户口令。通过修改注册表，可以禁止用户更改口令。

- 在注册表编辑器中定位到 HKEY_CURRENT_USER\Software\Microsoft\Windows\CurrentVersion\Policies\System\。
- 新建一个双字节（REG__DWORD）值项"DisableChangePassword"，修改其值为"1"。

这样，Windows 安全窗口中的"更改密码"按钮变成了不可选状态，用户无法更改口令。

（2）禁止使用注册表编辑器的操作。

修改注册表是复杂和危险的，所以不希望用户去修改注册表。通过修改注册表，可以禁止用户运行系统提供的两个注册表编辑器。

- 在注册表编辑器中定位到 HKEY_CURRENT_USER\Software\Microsoft\Windows\CurrentVersion\Policies\System\。
- 新建一个双字节（REG_DWORD）值项"DisableRegistryTools"修改其值为"1"。

这样，用户就不能启动注册表编辑器了。

注意：使用此功能要小心，最好作个注册表备份，或者准备一个其他的注册表修改工具。因为当禁止使用注册表编辑器后，就不能再使用该注册表编辑器将值项改回了。

（3）隐藏上机用户登录名字的操作。

- 在注册表编辑器中定位到 HKEY_LOCAL_MACHINE\Software\Microsoft\Windows\CurrentVersion\Winlogon。
- 新建 DWORD 键值"DontDisplayLastUserName"，赋值为"1"。

（4）禁止修改"控制面版"的操作。

- 在注册表编辑器中定位到 HKEY_CURRENT_USER\Software\Microsoft\Windows\CurrentVersion\Policies\Explorer。
- 在右边的窗口中新建一个二进制"NoSetFolders"，并将其值设为"01 00 00 00"。

5.1.8 其他系统优化

1. 关闭多余服务

安装 Windows XP 后，有许多默认服务可以取消，从而提高系统的性能，也为对系统进行 GHOST 做准备。实现步骤如下：

- 执行"开始"菜单中的"运行"命令，在弹出的对话框中输入 gpedit.msc（组策略）命令，如图 5-24 所示。

图 5-24 运行 gpedit.msc（组策略）命令

- 单击"确定"按钮后，弹出如图 5-25 所示的对话框。

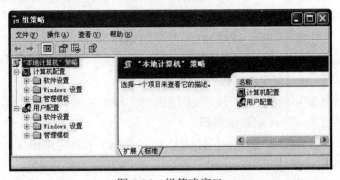

图 5-25 组策略窗口

● 在左侧依次单击"管理模板"中"任务栏和「开始」菜单",在右侧将显示可设置的项目,双击其中的项目(如"从「开始」菜单上删除'文档'菜单"项),将弹出如图 5-26 所示的对话框。

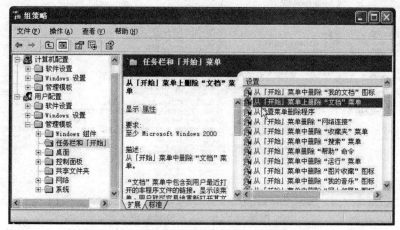

图 5-26 "任务栏和「开始」菜单"管理模板

● 选中"已启用"单选按钮,然后单击"应用"按钮,即可将"开始"菜单中的"文档"菜单项删除。为了进行下一项或上一项的设置,可以单击"上一设置"或"下一设置"按钮进行设置,如图 5-27 所示。

图 5-27 属性窗口

● 在"组策略"对话框中单击"用户配置"→"管理模板"→"桌面",对右侧窗口中的各项进行设置,推荐的设置结果如图 5-28 所示。

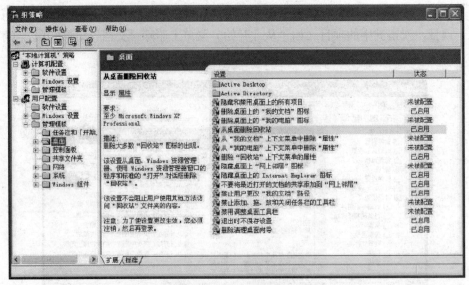

图 5-28　"桌面"管理模板

- 在左侧单击"系统"，对右侧窗口中的各选项进行设置，推荐的设置结果如图 5-29 所示。

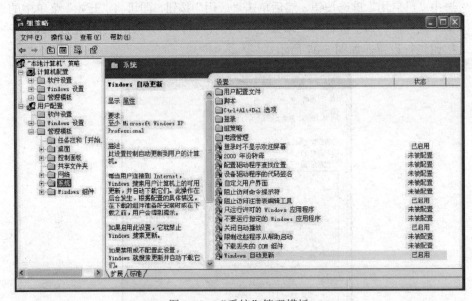

图 5-29　"系统"管理模板

- 在左侧依次单击"计算机配置"→"管理模板"→"网络"→"QoS 数据包调度程序"，双击右侧窗口的"限制可保留带宽"选项，设置为"已启用"即可把保留的带宽释放出来，如图 5-30 所示。

图 5-30 "限制可保留带宽"选项

说明：在默认状态下，Windows XP 设置了 20% 的默认保留带宽，从而限制了网络速度，取消该选项可以加快网速。

2. 设置合理的系统特效

正确安装显示卡驱动程序后，系统的显示设置将占用较大的内存，从而降低了系统的整体性能。为了在不降低系统显示性能的基础上，设置最佳的系统性能，就需要对显示方式进行设置。实现步骤如下：

● 单击"系统属性"对话框中的"高级"选项卡，弹出如图 5-31 所示的对话框。

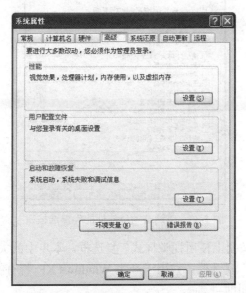

图 5-31 系统属性"高级"选项卡

● 单击"性能"下面的"设置"按钮，弹出如图 5-32 所示的对话框。

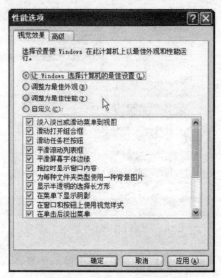

图 5-32 "性能选项"对话框

● 选中"调整为最佳性能"单选按钮，弹出如图 5-33 所示的对话框。

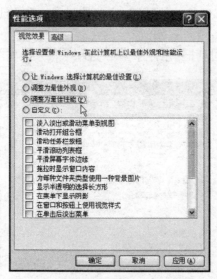

图 5-33 "调整为最佳性能"单选按钮

● 选中"在窗口和按钮上使用视觉样式"复选框。本步中的关键是选中"在窗口和按钮上使用视觉样式"复选框，它用于产生 Windows XP 特有的视觉效果。

● 单击"确定"按钮即可。

3. 设置系统还原功能

系统还原功能允许将系统恢复到某一时间状态，从而避免重新安装操作系统。默认状态下，该功能对各分区同时起作用，启用该功能后，按下 Win+Break 组合键可以恢复各分区中的数据。但系统还原将占用大量的硬盘空间，从而降低系统的性能，并且还可能造成系统无法启动。

建议取消 C 盘以外的其他分区的系统还原功能，当系统发生问题时可以恢复 C 盘的数据，而其他分区的数据一般不受破坏，无须通过该功能恢复。另外，如果通过 GHOST 等工具对操作系统进行备份后，应该取消 C 盘的系统还原功能，当系统发生问题时，可以通过 GHOST 进行快速恢复。实现步骤如下：

- 右击桌面上"我的电脑"图标，在弹出的快捷菜单中选择"属性"命令，然后在弹出的对话框中打开"系统还原"选项卡，如图 5-34 所示。

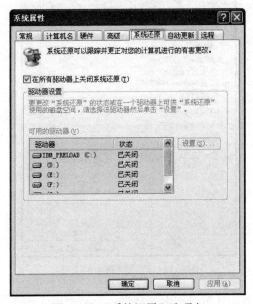

图 5-34 "系统还原"选项卡

- 取消选中"在所有驱动器上关闭系统还原"复选框。
- 单击"确定"按钮即可。

说明：执行以上操作后，可以节省磁盘上各分区的空间，特别是可以节省 C 盘的大量空间，从而提高系统的整体性能。

4. 使用磁盘清理功能

磁盘清理功能是 Windows XP 自带的系统优化程序。磁盘清理功能可以清理磁盘在运行中产生的碎片文件，能提高磁盘运行速度；能扫描系统中的垃圾文件，用户可以选择扫描出的项目来删除，增大磁盘空间。

- 单击"开始"菜单，依次指向"所有程序"→"附件"→"系统工具"，然后单击"磁盘清理"。如果有多个驱动器，会提示指定要清理的驱动器，如图 5-35 所示。

图 5-35　"磁盘清理"对话框

- 在"（驱动器）的磁盘清理"对话框中，如图 5-36 所示，滚动查看"要删除的文件"列表的内容。

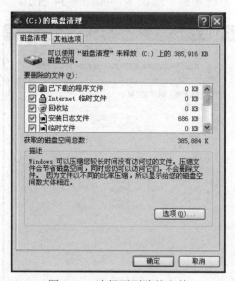

图 5-36　选择要删除的文件

- 清除不希望删除的文件所对应的复选框，然后单击"确定"按钮。
- 提示您确认要删除指定文件时，单击"是"按钮即可。

几分钟之后，该过程完成，"磁盘清理"对话框关闭，进行磁盘清理后的计算机更干净、性能更佳。

5. 优化虚拟内存

虚拟内存是 Windows XP 作为内存使用的一部分硬盘空间。即便物理内存很大，虚拟内存也是必不可少的。虚拟内存在硬盘上其实就是为一个硕大无比的文件，文件名是 PageFile.Sys，通常状态下是看不到的。必须关闭资源管理器对系统文件的保护功能才能看到这个文件。虚拟内存有时候也被称为"页面文件"，就是从这个文件的文件名中来的。提高硬盘性能也可以在一定程度上提高内存的性能。

通过 Windows XP 自带的日志功能可以监视计算机平常使用的页面文件的大小，从而进行最准确的设置，页面文件的设置实现步骤如下：

● 在"我的电脑"上单击鼠标右键，选择"属性"→"高级"选项卡，单击"性能"下面的"设置"按钮，然后选择"高级"选项卡，单击"虚拟内存"下方的"更改"按钮，如图 5-37 所示。选择"自定义大小"，并将"起始大小"和"最大值"都设置为 300M，这只是一个临时性的设置。设置完成后重新启动计算机使设置生效。

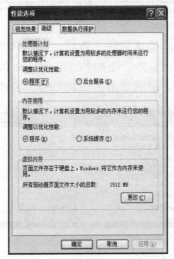

图 5-37 "高级"选项卡

● 进入"控制面板"→"性能与维护"→"管理工具"，打开"性能"窗口，展开"性能日志和警报"，选择"计数器日志"。在窗口右侧单击鼠标右键选择"新建日志设置"，如图 5-38 所示。

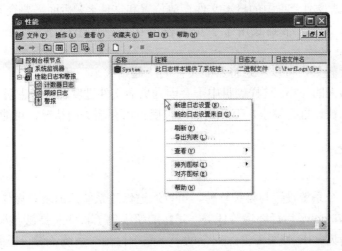

图 5-38 "性能"窗口

● 随便设置一个日志名称，比如"监视虚拟内存大小"，如图 5-39 所示。

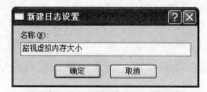

图 5-39　设置日志名称

● 在"常规"页中单击"添加计数器"按钮，在"性能对象"中选择"Paging File"，然后选中"从列表选择记数器"下面的"% Usage Peak"，并在右侧"从列表中选择范例"中选择"_Total"。最后单击"添加"和"关闭"按钮，如图 5-40 所示。

图 5-40　"添加计数器"窗口

● 记住"日志文件"页中的日志文件存放位置和文件名，后面需要查看这个日志来判断 Windows XP 平常到底用了多少虚拟内存，在这个例子中，日志文件被存放在 D:\Perflog 目录下。

如果物理内存较大，可以考虑将页面文件的"起始大小"和"最大值"设置为相等，等于上一步中计算出来的大小。这样硬盘中不会因为页面文件过度膨胀产生磁盘碎片，其副作用是由于"最大值"被设置得较小，万一偶然出现虚拟内存超支的情况，可能会导致系统崩溃。

5.2　超级兔子

超级兔子是一个系统设置与维护软件，可以通过修改系统注册表等操作来完成解决故障、优化性能、改变 Windows 运行环境等任务。完整的超级兔子软件主要包含八大功能：清理王、魔法设置、上网精灵、IE 修复专家、安全助手、系统检测、系统备份、任务管理器。用户下载超级兔子软件后双击其安装文件，根据提示进行安装后即可使用。安装后双击桌面上的快捷图标，启动超级兔子，即可进入其主使用界面。

5.2.1 超级兔子的使用界面

启动超级兔子后，窗口中会有"兔子软件""实用工具"等多个选项卡，如图5-41所示。在"兔子软件"选项卡窗口中，列出了按不同功能进行分类的8个快捷按钮。

图5-41 超级兔子软件主要功能

单击"实用工具"选项卡，如图5-42所示，系统列出了超级兔子以及Windows提供的一些工具程序，如注册表编辑器、DirectX诊断工具等多个工具。

图5-42 实用工具内容

用户可根据使用要求，选择这些选项卡中的相应图标，快捷地完成系统设置与优化等任务。

5.2.2 使用超级兔子清理系统

超级兔子作为常用的 Windows 系统工具软件，其清晰的功能分类可以使用户迅速地找到相关功能，通过对系统注册表的修改，可以调整几乎所有 Windows 的隐藏参数。

警告：对注册表的任何修改都应事先对其备份，以防系统的崩溃。

Windows 系统虽然提供了磁盘清理程序，但对于注册表中各种程序运行的历史记录等信息却无能为力，这时就可使用"超级兔子"来清理系统。

任务一：清除注册表中所有的历史记录。

（1）运行"超级兔子清理王"工具。单击"兔子软件"选项卡中的"超级兔子清理王"工具按钮，弹出如图 5-43 所示的窗口。

图 5-43　超级兔子清理王

（2）在窗口左侧的"清理方式"中单击"清理系统"选项，弹出如图 5-44 所示的窗口，在此窗口右侧的"清理系统"中单击"清理注册表"选项卡。

（3）选中需要清除的注册表历史记录项，单击"下一步"按钮。

（4）等待超级兔子搜索出所有需清理的信息后，根据任务要求单击"清除"按钮。

任务二：清除磁盘中所有的垃圾文件

（1）运行"超级兔子清理王"工具。同任务一的步骤（1）。

（2）在窗口左侧的"清理方式"中单击"清理系统"选项，弹出如图 5-45 所示的窗口，在此窗口右侧的"清理系统"中单击"清除文件"选项卡。

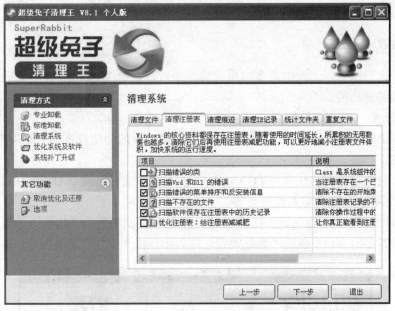

图 5-44　"清理注册表"选项卡

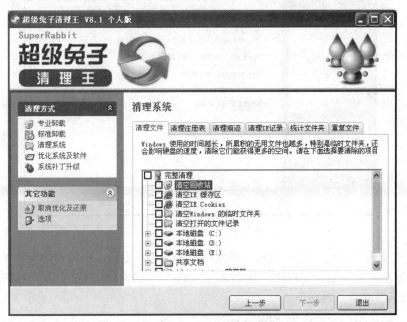

图 5-45　"清理文件"选项卡

（3）选中需要清除的垃圾文件的位置。根据任务要求选中"完整清理"前的复选框，单击"下一步"按钮。

（4）确认扫描结果，并单击"清除"按钮。

5.2.3 魔法设置

打造属于自己的系统。提供最多的系统隐藏参数，调整 Windows 让它更适合自己使用，还有额外增强的好功能。

1. 安全设置

对于公用的计算机而言，将某些容易造成破坏性后果的功能设置为"禁用"，可以大大降低系统维护的工作量。

任务一：禁止使用格式化命令 FORMAT.COM、删除文件夹命令 DELTREE.EXE；禁止使用.inf；禁止使用*.reg 文件导入注册表等。

（1）运行"安全"设置工具。在图 5-41 所示的主界面中单击"超级兔子魔法设置"快捷按钮，并在新弹出的窗口左侧的"魔法设置"项目中单击"安全"工具图标，如图 5-46 所示。

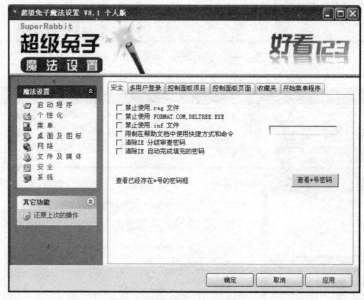

图 5-46　"安全"选项卡

（2）选中各禁用功能前的复选框。根据任务要求在"安装"选项卡中选中"禁止使用.reg 文件"、"禁止使用 FORMAT.COM，DELTREE.EXE"、"禁止使用.inf 文件" 3 个复选框。

（3）单击"确定"按钮。

任务二：隐藏控制面板中的"Internet 属性"项目。

Windows 系统的控制面板提供了对系统各参数的快捷设置，如果这些参数设置不正确将会严重影响系统的正常运行。"超级兔子"可以将控制面板中的项目隐藏起来，以达到保护系统的目的。

（1）进入"控制面板项目"设置工具。在图 5-46 所示的窗口中单击右侧的"控制面板项目"选项卡，如图 5-47 所示。

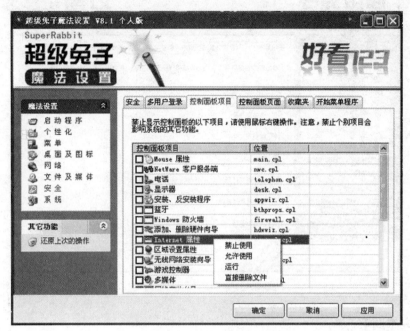

图 5-47 "控制面板项目"选项卡

（2）设置欲隐藏项目。根据任务要求用鼠标右键单击"Internet 属性"选项，在弹出的快捷菜单中选择"禁止使用"命令，如图 5-47 所示。

（3）单击"确定"按钮完成设置。

警告：如果仅希望隐藏某些项目，用户不要轻易选择"直接删除文件"命令，否则程序会删除这些项目。

2. 系统菜单设置

在 Windows 系统中，很多功能都是依靠菜单来完成的，如果鼠标右键菜单能提供更多的快捷方式，将简化大量操作。"超级兔子"允许对鼠标右键菜单进行编辑，可进一步提高计算机的使用效率。

任务：在鼠标右键菜单中加入"复制到文件夹"功能。

（1）运行"菜单"设置工具。单击"魔法设置"选项中的"菜单"工具图标，弹出如图 5-48 所示的窗口。

（2）在此窗口右侧单击"添加菜单"选项卡，出现为鼠标右键菜单添加快捷功能的界面。

（3）选中"复制到文件夹"选项前面的复选框。

（4）单击"确定"按钮完成设置。

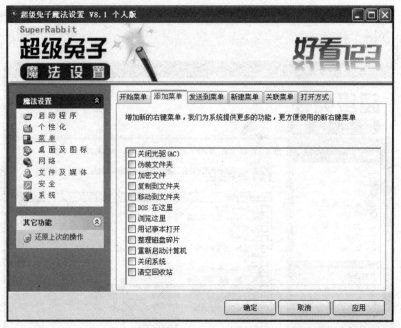

图 5-48 "菜单"设置窗口

5.2.4 系统安全助手

出于对系统安全性的考虑，管理员需要将系统的某个分区隐藏或对某些文件加密，以此来增强系统的安全性。"超级兔子"提供的"安全助手"功能就可以完成这些操作。

任务：隐藏驱动器 D。

（1）运行"超级兔子安全助手"工具。单击图 5-41 所示的主界面中的"超级兔子安全助手"功能按钮。

（2）在弹出的窗口左侧单击"隐藏磁盘"选项，出现如图 5-49 所示的隐藏磁盘窗口。

（3）选中"磁盘 D"前的复选框。

（4）单击"下一步"按钮，待下次重新启动计算机后生效。

提示：在默认情况下，被隐藏的磁盘中的所有内容将不能再被使用，如果希望磁盘被隐藏后仍可以使用其中的程序及文件，可选中图 5-49 所示窗口中的"允许使用隐藏后的程序及文件"复选框。

5.2.5 注册表备份与还原

经常对注册表备份可以保护 Windows 系统，当 Windows 系统出现故障时，将注册表还原往往可以解决一些问题。

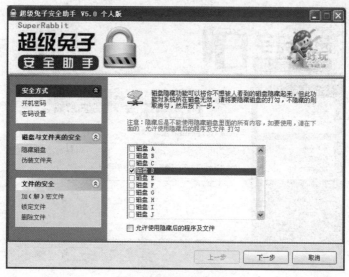

图 5-49 隐藏磁盘窗口

1. 注册表备份

由于注册表对于 Windows 系统而言相当重要，所以在对注册表作任何修改之前，应事先对其备份。

任务一：备份 Windows 的注册表，保存到文件夹 C:\Backup 中，备份名称为"我备份的注册表"。

（1）启动"超级兔子系统备份"工具。单击"超级兔子"主界面中的"超级兔子系统备份"工具按钮。

（2）单击弹出窗口左侧的"备份系统"页面。

（3）指定生成的备份文档所在的文件夹及文档名。

如图 5-50 所示，根据任务要求，在窗口右侧相应的位置指定备份名称为"我备份的注册表"，并备份在 C:\Backup 文件中。

（4）单击"下一步"按钮。

（5）指定备份内容为注册表。在图 5-51 所示的窗口中选中"注册表"复选框。

提示：此处对注册表的备份与 Windows 系统自身的系统备份功能类似，但"超级兔子"还可以同时备份"IE 收藏夹""我的文档"等项目。因此，当需要备份的项目较多时，可以采用"超级兔子"的系统备份功能。

（6）单击"下一步"按钮。

（7）等待系统备份完成后，单击"完成"按钮。

2. 还原注册表

若 Windows 系统运行不正常，并确定是注册表损坏所致，可以用以前备份的注册表进行还原，从而快速修复 Windows 系统。

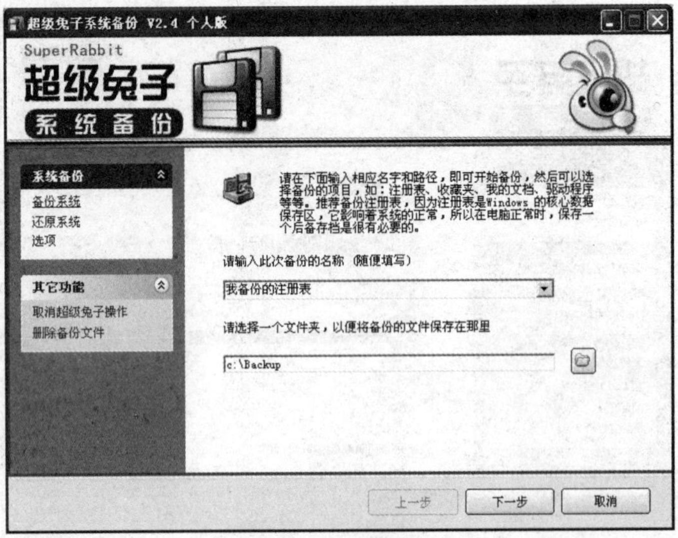

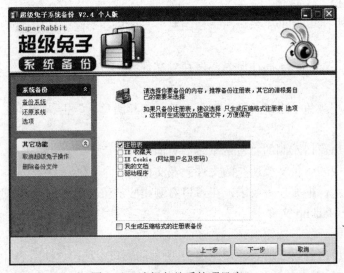

图 5-50　系统备份窗口

图 5-51　选择备份系统项目窗口

警告：注册表被还原后，某些在注册表备份后安装的软件可能不能正常运行，此时需要重新安装该软件。

任务：用备份在 C:\Backup 中的"我备份的注册表"还原 Windows 的注册表。

（1）启动"超级兔子系统备份"工具。单击"超级兔子"主界面中的"超级兔子系统备份"工具按钮。

（2）单击"还原系统"选项，进入系统还原功能界面。弹出窗口内容如图 5-52 所示。

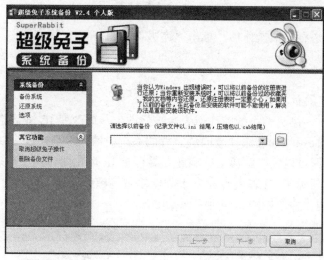

图 5-52　还原系统窗口

（3）指定还原所需的备份文档。根据任务要求，在窗口中的下拉列表框中找到"C:\Backup\我备份的注册表\我备份的注册表.ini"。

提示：选中某个备份文件后，在下拉列表框下方会列出该文件备份的日期与时间，供还原时参考。

（4）单击"下一步"按钮。

（5）选择还原项目。根据任务要求，选中图 5-53 中的"注册表"复选框，因为在上一任务中只备份了注册表，所以图 5-53 中只有一个还原项目。

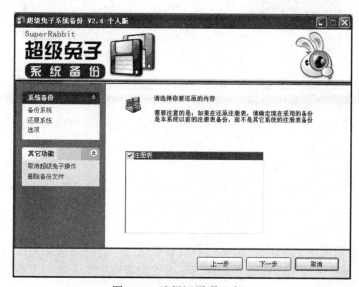

图 5-53　选择还原项目窗口

（6）单击"下一步"按钮。

（7）等待系统进行还原操作后，单击"完成"按钮。

5.2.6　网络设置

1．清除 IE 浏览器被恶意修改的设置

用户浏览网页时，浏览者系统的注册表会被修改，从而改变 IE 浏览器的首页和标题栏等内容，更有甚者还锁定 Internet 选项或向浏览者的系统中植入木马，致使浏览者的系统工作异常。利用 IE 修复专家可以轻松解决这些问题，并保护 IE 浏览器设置不被恶意修改。

（1）启动"超级兔子 IE 修复专家"工具。单击"超级兔子"主界面中的"超级兔子 IE 修复专家"工具按钮，弹出如图 5-54 所示窗口。

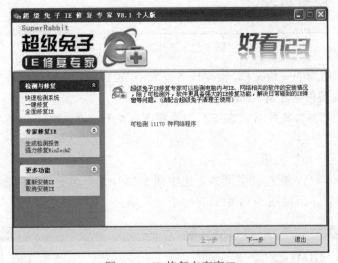

图 5-54　IE 修复专家窗口

（2）单击窗口左侧的"全面修复 IE"选项，弹出如图 5-55 所示界面，在自定义窗口中的可以逐条修复 IE 浏览器被恶意修改的设置，如首页、标题栏等信息。

（3）指定各参数的设置。在图 5-55 所示的窗口中，选中需要修复项目前的复选框，一般情况下，默认修复所有项目。

（4）单击"下一步"按钮。

提示：如果希望 IE 在运行时受到保护，可以运行"超级兔子"软件自带的"超级兔子上网精灵"工具，此工具是在安装"超级兔子"的同时被安装到系统中的。

2．超级兔子上网精灵

超级兔子上网精灵用于保护 IE 浏览器不被恶意修改，启用方法如下：

（1）启动"超级兔子上网精灵"工具。单击"超级兔子"主界面中的"超级兔子上网精灵"工具按钮，弹出如图 5-56 所示的窗口界面。

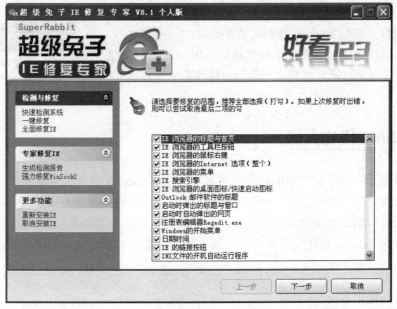

图 5-55　自定义 IE 浏览器修复项目窗口

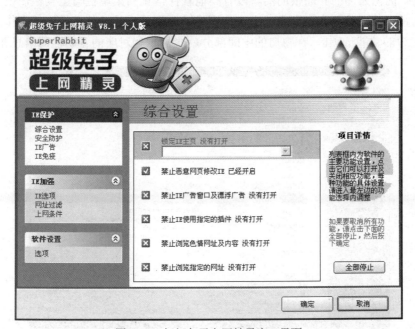

图 5-56　超级兔子上网精灵窗口界面

（2）指定受保护的项目。在图 5-56 所示的窗口中指定 IE 受保护的各项。如果不清楚各项功能，可按程序默认的项目来保护 IE 浏览器。

（3）单击"确定"按钮。此时在任务栏右侧会出现如图 5-57 所示的图标，表明 IE 浏览器正在受保护中。

图 5-57　IE 保护器任务图标

提示：默认情况下，在系统启动该功能，IE 浏览器就会进入受保护状态，即开机后系统将自动运行"超级兔子上网精灵"程序。

5.3　Windows 优化大师

与"超级兔子"功能相类似的软件有很多，其中 Windows 优化大师就是另一个优秀的中文系统工具软件。与"超级兔子"一样，它不仅可以对系统进行多种高级设置，同时还可以对系统很多方面进行细致地优化。

用户下载 Windows 优化大师软件后，双击其安装软件可执行文件，根据提示进行安装后即可使用。安装后双击桌面上的图标，启动 Windows 优化大师，即可进入其主使用界面。

5.3.1　优化大师使用界面

Windows 优化大师的界面很简洁，没有其他软件常见的菜单栏与工具栏，整个工作界面如图 5-58 所示，其主要分为左、中、右 3 个区域，分别是系统功能标签区、工作区与功能按钮区。单击左边的功能选项区，在窗口的中间部分就会显示相对应的各功能的信息和优化方式。

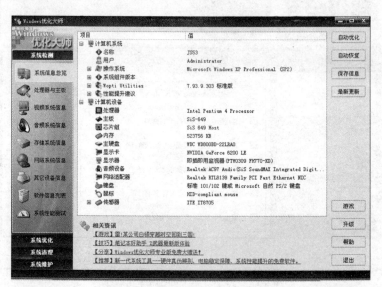

图 5-58　Windows 优化大师工作界面

1. 系统功能标签

在系统功能标签区域，有"系统检测"、"系统优化"与"系统清理维护"三大功能集合。

单击这 3 个功能集合的文字，可以展开集合中所包含的各种功能标签，单击功能标签即可使用 Windows 优化大师所提供相应功能。

　　启动 Windows 优化大师后，程序即打开"系统检测"功能集合中的"系统信息总览"功能标签。

　　2．工作区

　　工作区作为 Windows 优化大师各项功能与用户之间的交互场所，一般用来显示信息，在部分功能中允许用户在此进行系统参数的设置。

　　3．功能按钮

　　功能按钮区提供了各功能模块中的具体操作按钮，通过这些按钮，Windows 优化大师将完成用户的各种操作要求。

5.3.2　系统检测

　　如果希望了解计算机软、硬件的具体信息，可以使用"系统检测"功能集合。这里的功能标签能够使用户检测到 CPU、BIOS、内存、硬盘、局域网及网卡、显卡、Modem、光驱、显示器、多媒体、键盘、鼠标、打印机以及软件信息等，同时还提供了一个测试工具来评测当前计算机系统的性能。

　　1．系统信息总览

　　启动 Windows 优化大师，在其操作窗口中默认显示"系统检测"模块下的"系统信息总览"项目，其中显示了该计算机系统的详细信息，包括安装的操作系统版本以及硬件设备的型号等，如图 5-59 所示。

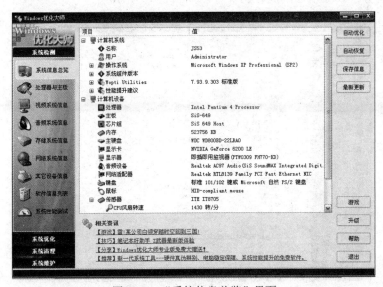

图 5-59　"系统信息总览"界面

2. 处理器与主板

单击窗口左侧的"处理器与主板"按钮，窗口中将显示处理器与主板的具体信息，如图 5-60 所示。

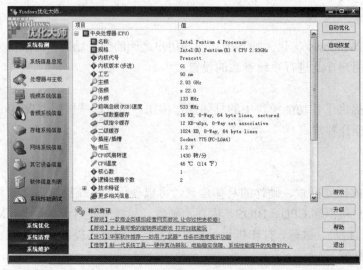

图 5-60　"处理器与主板"界面

3. 视频系统信息

单击窗口左侧的"视频系统信息"按钮，窗口中将显示视频显示系统的具体信息，如显卡与显示器信息分析、显示性能提升建议等，如图 5-61 所示。

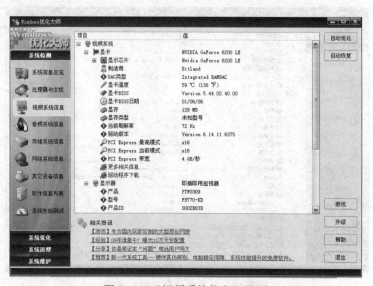

图 5-61　"视频系统信息"界面

4. 音频系统信息

单击窗口左侧的"音频系统信息"按钮，窗口中将显示音频系统的具体信息，如图 5-62 所示。

图 5-62 "音频系统信息"界面

5. 存储系统信息

单击左侧的"存储系统信息"按钮，可以查看内存和硬盘存储系统信息，如图 5-63 所示。

图 5-63 "存储系统信息"界面

6. 网络系统信息

单击窗口左侧的"网络系统信息"按钮，可查看网络适配器、网络协议和网络流量信息，如图 5-64 所示。

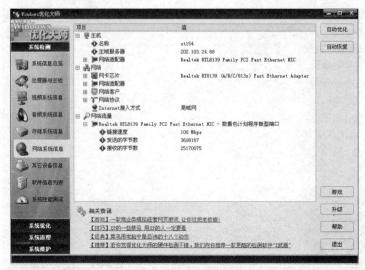

图 5-64　"网络系统信息"界面

7. 其他设备信息

单击窗口左侧的"其他设备信息"按钮，可查看键盘、鼠标和打印机的型号及 USB 端口等信息，如图 5-65 所示。

图 5-65　"其他设备信息"界面

8. 软件信息列表

单击窗口左侧的"软件信息列表"按钮，可显示计算机中已安装软件的相关信息，如图 5-66 所示。

图 5-66 "软件信息列表"界面

9. 系统性能测试

单击窗口左侧的"系统性能测试"按钮，将显示 Windows 优化大师对系统进行测试后所给出的评分，如图 5-67 所示。

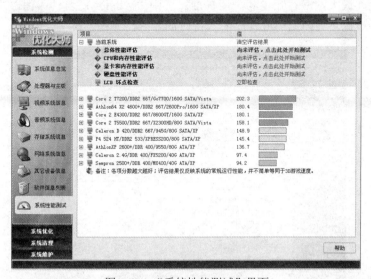

图 5-67 "系统性能测试"界面

5.3.3 系统优化

单击 Windows 优化大师中的"系统优化"模块，显示如图 5-68 所示界面。

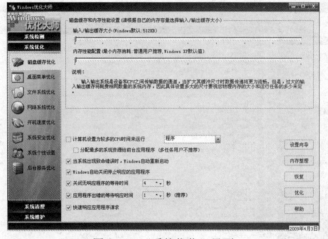

图 5-68 "系统优化"界面

在"系统优化"界面可以对磁盘缓存、桌面菜单、文件系统、网络系统、开机速度、系统安全以及系统个性设置等方面进行优化。下面介绍其中几个常用的优化项目和使用方法。

1. 设置磁盘缓存优化

拖动"输入/输出缓存大小"滑块调整计算机的缓存大小。拖动"内存性能配置"滑块选择最小内存消耗、最大网络吞吐量和平衡标准。选中"Windows 自动关闭停止响应的应用程序"复选框，并设置"关闭无响应程序的等待时间"等，如图 5-69 所示。

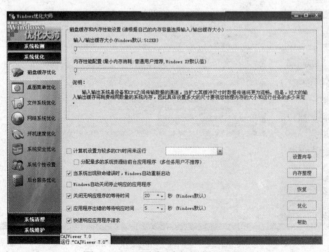

图 5-69 "磁盘缓存优化"界面

2. 桌面菜单优化

单击窗口左侧的"桌面菜单优化"按钮，可以对桌面菜单的速度以及桌面图标的缓存进行设置，如图 5-70 所示。

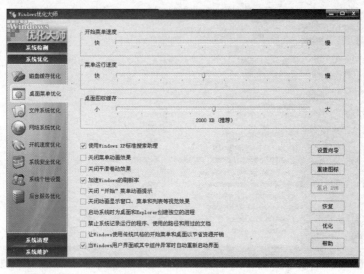

图 5-70 "桌面菜单优化"界面

3. 文件菜单优化

单击窗口中"文件系统优化"按钮，可调整光驱缓存并进行空闲时允许 Windows 自动优化启动分区等设置，如图 5-71 所示。

图 5-71 "文件系统优化"界面

4. 网络系统优化

单击窗口左侧的"网络系统优化"按钮，可以对网络的性能进行设置，如图5-72所示。

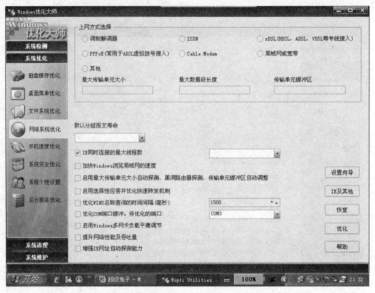

图5-72 "网络系统优化"界面

5. 开机速度优化

单击"开机速度优化"按钮，可对启动信息的停留时间和开机启动程序进行设置，如图5-73所示。

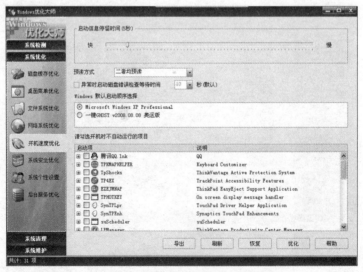

图5-73 "开机速度优化"界面

6. 系统安全优化

单击"系统安全优化"按钮，可进行系统安全的保护性设置，如图5-74所示。

图 5-74 "系统安全优化"界面

7. 系统个性设置

单击"系统个性设置"按钮，可进行系统个性化设置。单击"设置"按钮即可生效，如图5-75所示。

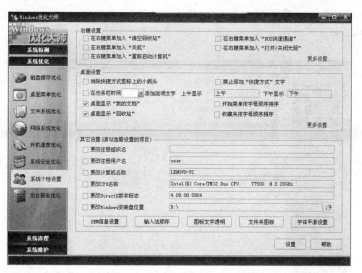

图 5-75 "系统个性设置"界面

8. 后台服务优化

单击"后台服务优化"按钮，可对后台程序进行优化设置，如图5-76所示。

图 5-76　"后台服务优化"界面

5.3.4　系统清理

在 Windows 优化大师的"系统清理"模块下可对注册表、磁盘文件、冗余 DLL 文件等项目进行清理和维护,让计算机工作得更加顺畅。用户只需根据提示选择相应的项目进行操作即可,其具体操作步骤如下:

1. 单击"系统清理"选项

在此 Windows 优化大师的操作窗口中单击左侧的"系统清理"选项,在其操作窗口中默认显示的是"系统清理"模块下的"注册信息"项目,如图 5-77 所示。

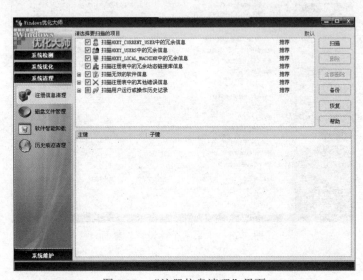

图 5-77　"注册信息清理"界面

2．清理注册表

在右侧窗口中选中要扫描项目的复选框，单击"扫描"按钮，扫描出注册表中各种无用的信息，然后单击"全部删除"按钮。在打开的确认对话框中单击"确定"按钮，开始清理注册表选项，完成后将在左下角的状态栏中提示已清除的项目，如图5-78所示。

图5-78　"清理注册表选项"界面

3．清理文件

单击"系统清理"模块下的"磁盘文件管理"按钮。在右侧窗口中选中要扫描的文件夹或磁盘分区复选框，再单击"扫描"按钮，可以扫描出其中的垃圾文件，最后单击"全部删除"按钮将其删除，如图5-79所示。

图5-79　"磁盘文件管理"界面

5.3.5 系统维护

在 Windows 优化大师的"系统维护"模块下可进行磁盘检查、备份驱动程序等操作，其具体操作步骤如下：

1. 单击"系统维护"选项

在 Windows 优化大师的操作窗口中单击"系统维护"选项，在打开的操作窗口中默认显示的是"系统磁盘医生"项目。选中要扫描项目的复选框，单击"检查"按钮即可进行磁盘检查，如图 5-80 所示。

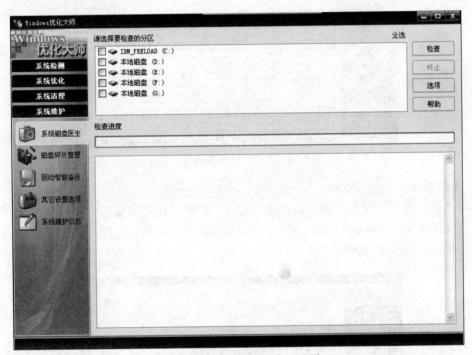

图 5-80 "系统磁盘医生"界面

2. 驱动智能备份

单击"系统维护"模块下的"驱动智能备份"按钮，可对驱动程序进行备份，如图 5-81 所示。

3. 其他设置选项

单击"系统维护"模块下的"其他设置选项"按钮，可备份其他重要系统文件，如图 5-82 所示。

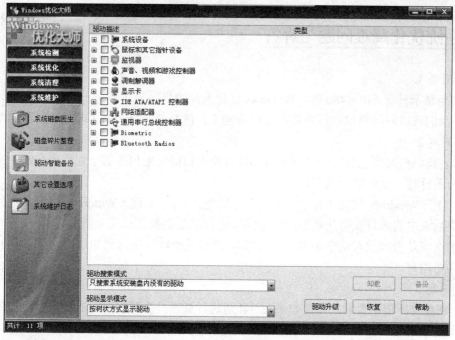

图 5-81　"驱动智能备份"界面

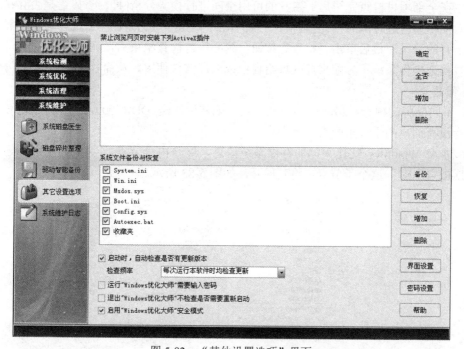

图 5-82　"其他设置选项"界面

5.4 系统优化疑难问题与解答

1. 问题1

Q：当显示只有640×480时，Windows优化大师的界面显示不全，如何解决？

A：我们可以利用热键进行操作：按U键向上，按D键向下，按L键向左，按R键向右。

2. 问题2

Q：当我们要保留注册表清理或磁盘文件管理中扫描结果列表的个别项目不做删除，但需删除其余条目时，如何快速操作？

A：对于Windows优化大师注册用户，可以先按Ctrl+A键（Windows优化大师对于扫描分析结果列表中的项目支持此热键进行全部选定），然后去掉需保留项目的勾选，单击"删除"，在弹出的询问是否删除对话框中单击"全部"，这样就删除了所有已勾选的项目。以上方法只适用于注册用户。

3. 问题3

Q：硬盘有坏道不要紧，但是如果不对坏道进行处理，会随着时间的流逝而逐步蔓延，最终会导致整个硬盘的损坏。如何避免上述情况发生？

A：进入Windows优化大师系统维护中的"系统磁盘医生"，单击"选项"，勾选"系统磁盘医生在全部项目检查完毕后对磁盘的可用空间进行校验分析（即检查磁盘是否存在损坏扇区，并对损坏扇区进行隔离）"复选框，然后单击"确定"按钮返回主界面，勾选主界面上方的硬盘所有的分区，最后单击"检查"按钮，耐心等待检查结束后，就可以隔离损坏区域了。这样可以保证操作系统不分配损坏区域给自己或应用软件使用，从而杜绝了坏道的扩散。

4. 问题4

Q：不同品牌的内存，虽然标称可能一致（如都标的是DDR400），但实际性能可能存在差异，有没有简单的手段来查看自己的内存？

A：进入Windows优化大师的存储系统信息，展开内存节点，会看到"时序表（频率-CL-RCD-RP-RAS）"这个子节点，将其展开，如图5-83所示。

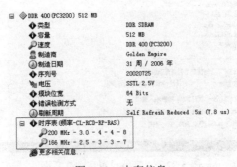

图5-83 内存信息

注：如果没有看到该项，则可能是目前的 Windows 优化大师尚不支持对该芯片组主板的识别，可以到相应论坛进行交流。

5. 问题 5

Q：在进行一些参数设置后，总会弹出需要重启系统使设置生效的对话框，是不是有些麻烦？

A：在"系统维护"→"其他设置选项"中将"退出 Windows 优化大师不检查是否需要重新启动"的选项选中，下次设置时就不会弹出上述对话框了，设置的参数也将在下次系统启动时生效。

5.5　习题

1. 注册表的组成结构是什么？六大根键的作用分别是什么？
2. 如何打开注册表编辑器并且添加或修改键值？
3. 如何导出/导入（备份/恢复）注册表？
4. 使用注册表优化系统的常用配置有那些？配置步骤是什么？
5. 使用 Windows 优化大师优化系统的方法有那些，如何配置？
6. 使用兔子魔法优化系统的方法有那些，如何配置？

6

计算机网络配置

学习目标

- 了解网络的原理和分类
- 掌握网络设备的特性和使用
- 掌握网络的组建与维护

重点难点

- 网络的原理及类别
- 各种网络设备的特性

目前，我们正处于利用技术延伸和加强以人为本的网络的关键转折时期。全球网络化速度已超乎所有人的想象。社会、商业、政治以及人际交往的方式正紧随这一全球性网络的发展而快速演变。总之，计算机网络已经无处不在，扮演越来越重要的角色。

6.1 计算机网络的概念

计算机网络是计算机技术和通信技术的结合产物。目前为止，还没有准确和统一的定义。计算机网络最基本的定义可以是：一个互联的自主的计算机集合。关于计算机网络，更详细的定义为：计算机网络是用通信线路和网络连接设备将分布在不同地点的多台独立式计算机系统相互连接，按照网络协议进行数据通信，实现资源共享，为网络用户提供各种应用服务的信息系统。

6.2 计算机网络的分类

计算机网络的种类繁多、性能各不相同，根据不同的分类原则，可以得到各种不同类型的计算机网络。

6.2.1 按网络的分布范围分类

按地理分布范围来分类，计算机网络可以分为广域网、局域网和国际互联网三种。

1. 广域网 WAN（Wide Area Network）

广域网也称远程网，它的联网设备分布范围广，一般从数公里到数百至数千公里。因此网络所涉及的范围可以是市、地区、省、国家，乃至世界范围。

广域网的单个组织一般通过电信服务提供商的网络租用连接。连接分布于不同地理位置的 LAN 的这些网络称为广域网（WAN）。

2. 局域网 LAN（Local Area Network）

局域网是将小区域内的各种通信设备互联在一起的网络。它的特点是分布距离近（通常在 1000～2000m 范围内）、传输速度高（一般为 1～20Mbps）、连接费用低、数据传输可靠、误码率低等。LAN 通常由一个组织管理，用于规范安全和访问控制策略的管理控制措施将在网络层执行。

3. 国际互联网

国际互联网是由相互连接的网络组成的全球网，它满足了人们的通信需要。在向公众开放的国际互联网中，最著名并被广为使用的便是 Internet。

Internet 是将属于 Internet 服务提供商（ISP）的网络相互连接搭建而成的。这些 ISP 网络相互连接，为世界各地数以百万计的用户提供接入服务。要确保通过这种多元化基础架构有效通信，需要采用统一的公认技术和协议，也需要众多网络管理机构相互协作。

6.2.2 按网络的交换方式分类

按交换方式来分类，计算机网络可以分为电路交换网、报文交换网和分组交换网三种。

1. 电路交换网

电路交换方式是在用户开始通信前，先申请建立一条从发送端到接收端的物理信道，并且在双方通信期间始终占用该信道。此方式类似于传统的电话交换方式。

2. 报文交换网

报文交换方式是把要发送的数据及目的地址包含在一个完整的报文内，报文的长度不受限制。报文交换采用存储-转发原理，每个中间节点要为途径的报文选择适当的路径，使其能最终到达目的端。此方式类似于古代的邮政通信，邮件由途中的驿站逐个存储转发一样。

3. 分组交换网

分组交换方式是在通信前，发送端先把要发送的数据划分为一个个等长的单位（即分组），这些分组逐个由各中间节点采用存储-转发方式进行传输，最终到达目的端。由于分组长度有限，可以比报文更加方便地在中间节点机的内存中进行存储处理，其转发速度大大提高。

6.2.3 按网络节点在网络中的地位分类

按照网络节点间的关系，可分为基于服务器的网络、对等网络和分布式网络。

1. 基于服务器的网络

如果构成计算机网络的计算机和设备，既有服务器又有客户机，那么这样的网络就称为基于服务器的网络。基于服务器的网络随着计算机网络服务的功能，经历了工作站/文件服务器、客户机/服务器和浏览器/服务器三种模式的发展。

2. 对等网络

在对等网络中没有专用的服务器，网络中所有的计算机都是平等的。各台计算机既是客户机又是服务器，每台计算机分别管理自己的资源和用户，同时又可以作为客户机访问其他计算机的资源。

3. 分布式网络

分布式网络中任何一个节点都能和其他节点协同工作，分布式网络中没有"领导"。在UNIX 中的 Usenet 是一个常用的分布式网络，在 Internet 中可见到 Usenet。

6.2.4 按网络的所有者分类

1. 公有网

公有网一般是国家的邮电部门建造的网络。所有缴纳费用的用户都可以使用，如 Chinanet、CERNET 等。

2. 专用网

专用网是某个部门为其特殊工作的需要而建造的网络，这种网络一般只为本单位的人员提供服务，如银行、铁路等系统的专用网。

6.3 计算机网络的拓扑结构

网络拓扑结构是指抛开网络电缆的物理连接来讨论网络系统的连接形式，是指网络电缆构成的几何形状，它能从逻辑上表示出网络服务器、工作站的网络配置和互相之间的连接。网络拓扑结构按形状可分为：星型、环型、总线型、树型及总线/星型及网状拓扑结构。

6.3.1 星型拓扑结构

星型布局是以中央结点为中心与各结点连接而组成的，各结点与中央结点通过点与点方式连接，中央结点执行集中式通信控制策略，因此中央结点相当复杂，负担也重，如图 6-1 所示。

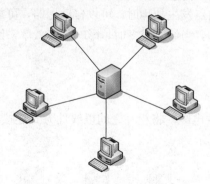

图 6-1 星型拓扑结构

以星型拓扑结构组网，其中任何两个站点要进行通信都要经过中央结点控制。中央结点的主要功能有：

（1）为需要通信的设备建立物理连接；

（2）为两台设备通信过程中维持这一通路；

（3）在完成通信或不成功时，拆除通道。

星型拓扑结构的优点为：网络结构简单，便于管理、集中控制，组网容易，网络延迟时间短，误码率低；缺点为：网络共享能力较差，通信线路利用率不高，中央节点负担过重，容易成为网络的瓶颈，一旦出现故障则全网瘫痪。

6.3.2 环型拓扑结构

环型网中各结点通过环路接口连在一条首尾相连的闭合环形通信线路中，环路上任何结点均可以请求发送信息，如图 6-2 所示。请求一旦被批准，便可以向环路发送信息。环型网中的数据可以单向也可双向传输。由于环线公用，一个结点发出的信息必须穿越环中所有的环路接口，信息流中目的地址与环上某结点地址相符时，信息被该结点的环路接口所接收，而后信息继续流向下一环路接口，一直流回到发送该信息的环路接口结点为止。

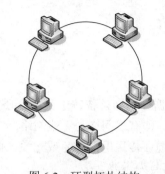

图 6-2 环型拓扑结构

环型网的优点为：信息在网络中沿固定方向流动，两个结点间仅有唯一的通路，大大简化了路径选择的控制；某个结点发生故障时，可以自动旁路，可靠性较高。缺点为：由于信息是串行穿过多个结点环路接口，当结点过多时，影响传输效率，使网络响应时间变长；由于环路封闭，故扩充不方便。

6.3.3 总线型拓扑结构

用一条称为总线的中央主电缆，将相互之间以线性方式连接的工站连接起来的布局方式，称为总线型拓扑，如图 6-3 所示。

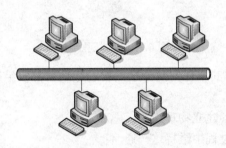

图 6-3 总线型拓扑结构

在总线结构中，所有网上的微机都通过相应的硬件接口直接连在总线上，任何一个结点的信息都可以沿着总线向两个方向传输扩散，并且能被总线中任何一个结点所接收。由于其信息向四周传播，类似于广播电台，故总线网络也被称为广播式网络。总线有一定的负载能力，因此，总线长度有一定限制，一条总线也只能连接一定数量的结点。

总线布局的特点为：结构简单灵活，非常便于扩充；可靠性高，网络响应速度快；设备量少、价格低、安装使用方便；共享资源能力强，非常便于广播式工作，即一个结点发送，所有结点都可接收。

总线型网络结构是目前使用最广泛的结构，也是最传统的一种主流网络结构，适合于信息管理系统、办公自动化系统领域进行应用。

6.4 传输介质与网络设备

6.4.1 传输介质

网络用于数据的传输，其数据传输必须依赖于某种介质来进行。按照连接方式的不同分类，目前可以把网络分成两大类，即有线网络与无线网络。

在有线连接中，介质可为铜缆（传送电信号）或光缆（传送光信号）。在无线连接中，介质为地球的大气（即太空），而信号为微波。

在通信线路中常用的几种传输介质具有不同的电气特性，根据不同的电气特性进行不同的使用，如表 6-1 所示。

表 6-1　几种传输介质的性能比较

性能＼传输介质	双绞线	同轴电缆基带	同轴电缆宽带	光纤	无线介质
距离	<300m	<2.5km	<100km	<100km	不受限
带宽	<6MHz	<100MHz	<300MHz	<300GHz	400～500MHz
抗干扰	较差	高	高	很高	差
安装难度	中等	易	易	中等	易
安全性	一般	好	好	最好	差
对噪音敏感度	敏感	较不敏感	较不敏感	不敏感	中
经济性	便宜	较便宜	中	贵	中

6.4.2　传输介质的选择

下面结合实际应用中的介质特性，分析传输介质的选择。

在普通的计算机网络中，对传输介质的选择，一般考虑网络结构、实际需要的通信容量、网络的可靠性要求和价格要求。

双绞线的显著特点是价格便宜，但信道带宽较窄，对于低速通信的局域网来说是最佳选择。

同轴电缆抗干扰性强，但价格高于双绞线，当在局域网中需要连接大量设备并通信容量要求较大时，可以选择同轴电缆。

光纤具有信道带宽宽、传输速率高、体积小、重量轻、衰减少、误码率低、抗干扰性强等优点，随着光纤成本的降低，它的应用将越来越普遍。

6.4.3　网络互联设备

网络互联通常是指将不同的网络或相同的网络用互联设备连接在一起而形成一个范围更大的网络，网络互联中常用的设备有路由器和交换机等，下面分别进行介绍。

1. 路由器

路由器（如图 6-4 所示）是互联网的枢纽，路由器是用来实现路由选择功能的一种媒介系统设备。所谓路由就是指通过相互联接的网络把信息从源地点移动到目标地点的活动。路由器的一个作用是联通不同的网络，另一个作用是选择信息传送的线路。选择通畅快捷的近路，能大大提高通信速度，减轻网络系统通信负荷，节约网络系统资源，提高网络系统畅通率，从而让网络系统发挥出更大的效益来。

图 6-4　路由器

2．集线器

集线器（Hub）是对网络进行集中管理的最小单元，像树的主干一样，它是各分枝的汇集点，如图 6-5 所示。Hub 是一个共享设备，其实质是一个中继器，而中继器的主要功能是对接收到的信号进行再生放大，以扩大网络的传输距离。

Hub 主要用于共享网络的组建，是解决从服务器直接到桌面的最佳、最经济的方案。在交换式网络中，Hub 直接与交换机相连，将交换机端口的数据送到桌面。使用 Hub 组网灵活，它处于网络的一个星型结点，对结点相连的工作站进行集中管理，不让出问题的工作站影响整个网络的正常运行，并且用户的加入和退出也很自由。依据总线带宽的不同，Hub 分为 10M、100M 和 10/100M 自适应三种。

图 6-5　集线器

3．交换机

交换机是一种连接各类服务器及终端并负责它们之间数据接收和转发的设备，如图 6-6 所示。交换机提供了许多网络互联功能，交换机能经济地将网络分成小的冲突网域，为每个工作站提供更高的带宽。

图 6-6　交换机

6.5 局域网组建与 Internet 互联

6.5.1 局域网的软件和硬件构成

局域网的结构如图 6-7 所示，其覆盖面和规模较小，基本软件和硬件包括以下部分：

- 服务器：有网络资源，能提供网络服务的计算机。
- 客户机：没有网络资源和不能提供网络服务的计算机。
- 对等机：各台计算机既是客户机又是服务器，每台计算机分别管理自己的资源和用户，同时又可以作为客户机访问其他计算机的资源。
- 网络设备：主要指硬件设备，如网卡、交换机、集线器和路由器等。
- 通信介质：局域网中常用的通信介质，如电缆、双绞线、光纤等。
- 操作系统和协议：提供网络服务的网络操作系统（NOS）和通信规则（协议，如 TCP/IP）。

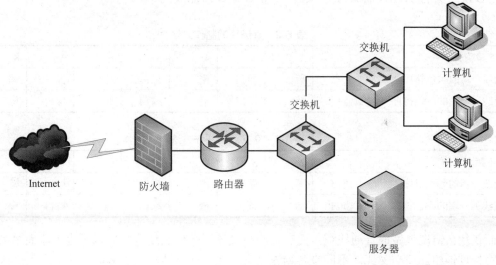

图 6-7 局域网结构图

6.5.2 设备的安装和连接

1. 在计算机中安装网卡

网卡要求：一个 RJ-45 口，10/100M 自适应以太 PCI 即插即用网卡。

网卡安装：在关机的情况下，拆开机箱，将 PCI 网卡插入主板的 PCI 插槽，固定后把机箱盖合上。

2. 网线的制作

网线制作要求：双绞线和 RJ-45 水晶接头。

网线制作步骤：

第一步：首先利用压线钳的剪线刀口剪裁出计划需要使用到的双绞线长度。

第二步：需要把双绞线的灰色保护层剥掉，可以利用压线钳的剪线刀口将线头剪齐，再将线头放入剥线专用的刀口，稍微用力握紧压线钳慢慢旋转，让刀口划开双绞线的保护胶皮。

剥除灰色的塑料保护层后即可见到双绞线网线的 4 对 8 条芯线，并且可以看到每对的颜色都不同。每对缠绕的两根芯线是由一种染有相应颜色的芯线加上一条只染有少许相应颜色的白色相间芯线组成。四条全色芯线的颜色分别为：棕色、橙色、绿色、蓝色。每对线都是相互缠绕在一起的，制作网线时必须将 4 个线对的 8 条细导线逐一解开、理顺、扯直，然后按照规定的线序排列整齐。

双绞线的连接方法也主要有两种，分别为直通线缆以及交叉线缆，见表 6-2、表 6-3。简单地说，直通线缆就是水晶头两端都同时采用 T568A 标准或者 T568B 的接法，而交叉线缆则是水晶头一端采用 T586A 的标准制作，而另一端则采用 T568B 的标准制作，即 A 水晶头的 1、2 对应 B 水晶头的 3、6，而 A 水晶头的 3、6 对应 B 水晶头的 1、2。

表 6-2　直通线的制作方法

RJ-45 接头引脚	1	2	3	4	5	6	7	8
双绞线一端的颜色排序	蓝白	蓝	橙白	橙	绿白	绿	棕白	棕
双绞线另一端的颜色排序	蓝白	蓝	橙白	橙	绿白	绿	棕白	棕

表 6-3　交叉线的制作方法

RJ-45 接头引脚	1	2	3	4	5	6	7	8
双绞线一端的颜色排序	蓝白	蓝	橙白	橙	绿白	绿	棕白	棕
双绞线另一端的颜色排序	橙白	绿	蓝白	橙	绿白	蓝	棕白	棕

而在什么情况该做成直通线缆，而交叉线缆又该用在什么场合呢？以下为大家简单列举，其中同种设备相连用交叉线，不同设备相连用直通线，详细情况见表 6-4。

表 6-4　设备连接

设备连接情况	双绞线类型使用
PC-PC（机对机）	交叉线缆
PC-集线器 Hub	直通线缆
集线器 Hub-集线器 Hub（普通口）	交叉线缆
集线器 Hub-集线器 Hub（级联口-级联口）	交叉线缆

设备连接情况	双绞线类型使用
集线器 Hub-集线器 Hub（普通口-级联口）	直通线缆
集线器 Hub-交换机	交叉线缆
集线器 Hub（级联口）-交换机	直通线缆
交换机-交换机	交叉线缆
交换机-路由器	直通线缆
路由器-路由器	交叉线缆

第三步：把每对都是相互缠绕在一起的线缆逐一解开。解开后则根据需要接线的规则把几组线缆依次地排列好并理顺，排列时应该注意尽量避免线路的缠绕和重叠。把线缆依次排列并理顺之后，由于线缆之前是相互缠绕着的，因此线缆会有一定的弯曲，因此应把线缆尽量扯直并尽量保持线缆平扁。

第四步：将线缆依次排列好并理顺压直之后，应该细心检查一遍，之后利压线钳的剪线刀口把线缆顶部裁剪整齐，需要注意的是裁剪时应该是水平方向插入，否则线缆长度不一会影响到线缆与水晶头的正常接触。若之前把保护层剥下过多的话，可以在这里将过长的细线剪短，保留的去掉外层保护层的部分约为 15mm 左右，这个长度正好能将各细导线插入到各自的线槽。如果该段留得过长，一来会由于线对不再互绞而增加串扰，二来会由于水晶头不能压住护套而可能导致电缆从水晶头中脱出，造成线路的接触不良甚至中断。

第五步：将整理好的线缆插入水晶头内。需要注意的是要将水晶头有塑料弹簧片的一面向下，有针脚的一方向上，使有针脚的一端指向远离自己的方向，有方型孔的一端对着自己。此时，最左边的是第 1 脚，最右边的是第 8 脚，其余依次顺序排列。插入时需要注意缓缓地用力把 8 条线缆同时沿 RJ-45 头内的 8 个线槽插入，一直插到线槽的顶端。

第六步：当然就是压线了，确认无误之后就可以把水晶头插入压线钳的 8P 槽内压线了，把水晶头插入后，用力握紧线钳，若力气不够，可以使用双手一起压，这样一压的过程使得水晶头凸出在外面的针脚全部压入水晶头内，受力后听到轻微的"啪"的一声即可。

3. 设备连接

用计算机和 Hub（或交换机）来组建局域网（采用星型结构），将做好的双绞线一端插入计算机网卡的 RJ-45 接口，另一端插入 Hub（或交换机）的 RJ-45 接口中即可。当然也可以通过直通或交叉双绞线把 Hub（或交换机）连接起来形成更大的局域网。

6.5.3　网络软件安装

1. 网卡驱动安装

在"我的电脑"图标上右击，选择"属性"选项，选择"硬件"选项卡，单击"设备管理器"按钮，打开"设备管理器"窗口，如图 6-8 所示。

图 6-8　"设备管理器"窗口

选择"网络适配器"中的网卡双击，打开网卡配置窗口，安装驱动程序，如图 6-9、图 6-10 所示。

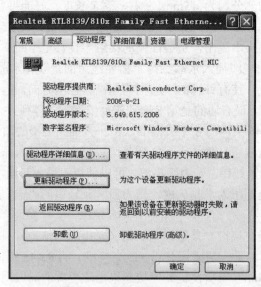

图 6-9　"驱动程序"选项卡

2. 网络协议的添加和 IP 地址的设置

右击"网上邻居"，选中"属性"选项打开"网络连接"窗口，右击"本地连接"，选中"属性"选项，弹出如图 6-11 所示的"本地连接属性"对话框。

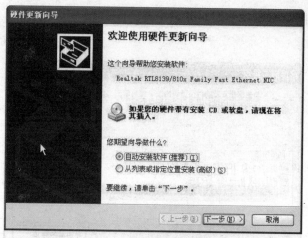

图 6-10 网卡驱动程序安装

单击"安装"按钮,弹出如图 6-12 所示的"选择网络组件类型"对话框。

图 6-11 "本地连接属性"对话框

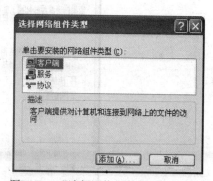

图 6-12 "选择网络组件类型"对话框

选择"协议"选项,单击"添加"按钮,弹出现如图 6-13 所示的"选择网络协议"对话框。选择一项协议如 IPX/SPX,单击"确定"按钮,在本地连接属性中将出现该协议,单击"确定"按钮,完成协议添加。

要想设置 IP 地址,则打开"本地连接"的属性,选择"TCP/IP 协议",弹出如图 6-14 所示的"Internet 协议(TCP/IP)属性"对话框。其中有两种 IP 地址设置方式:自动获得 IP 地址和手动设置 IP 地址,使用自动获得 IP 地址时,计算机网络中的各计算机的 IP 地址由 DHCP 服务器来自动分配。对服务器或网络需要静止的 IP 地址时,应该使用固定 IP 地址,这里选择

"使用下面的 IP 地址",输入 IP 地址、子网掩码、DNS 服务器地址,单击"确定"按钮,即可完成设置。

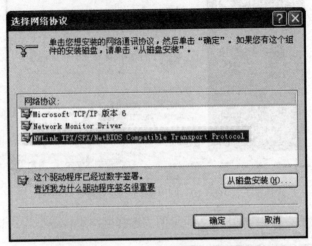

图 6-13　"选择网络协议"对话框

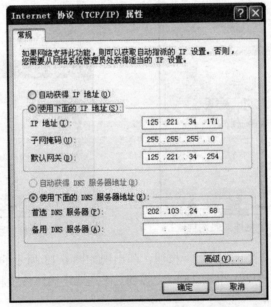

图 6-14　"Internet 协议(TCP/IP)属性"对话框

3. 设置网络标识

右击"我的电脑",选中"属性"选项,弹出"系统属性"对话框,选择"计算机名"选项卡,显示如图 6-15 所示界面。

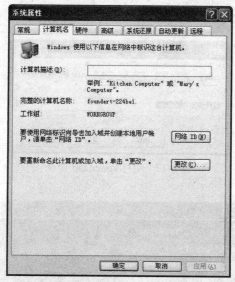

图 6-15　"计算机名"选项卡

单击"更改"按钮，弹出"计算机名称更改"对话框，如图 6-16 所示，在其中输入计算机名，要求网络中计算机名不能相同，在"隶属于"区域中选择网络模式，如果在对等网中选择"工作组"模式，输入工作组名；如果在集中式网络中，选择"域"模式，在其中输入域名，完成后单击"确定"按钮。

图 6-16　"计算机名称更改"对话框

6.5.4　连通性检测

1. 用 Ipconfig 等命令检查网络设置

先运行 command 命令进入命令行方式，然后用 Ipconfig 命令检测计算机的网络设置情况，如图 6-17 所示，运行结果如图 6-18 所示。

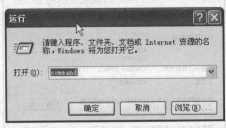

图 6-17 运行 command 命令

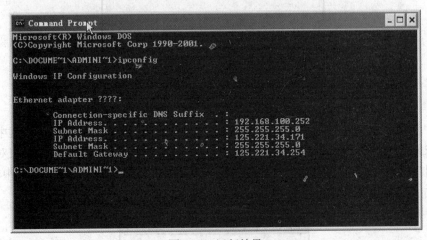

图 6-18 运行结果

2. 用 Ping 命令检查网络是否连通

Ping 命令是测试网络连通最重要的命令，它通过发送数据包到指定的计算机，再由对方的计算机将该数据包返回来判断网络的连通性。Ping 命令的格式是在 Ping 之后加上对方计算机的 IP 地址即可，如图 6-19 所示，测试结果如图 6-20 所示。

图 6-19 Ping 命令的格式

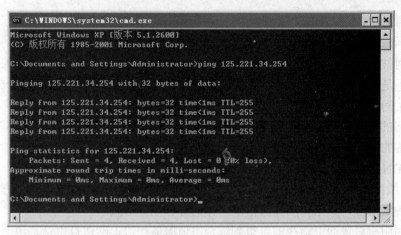

图 6-20 测试结果

3．在"网上邻居"的"查看工作组计算机"中查寻

单击"网上邻居"的"查看工作组计算机"，如果在右边的工作组计算机显示窗口中能找到由你设置的网络标识的计算机名，则证明计算机已经连通，如图 6-21 所示。

图 6-21 网上邻居

6.5.5 Internet 互联接入

1．Internet 接入方式

Internet 接入方式主要有以下六种：拨号上网方式、使用 ISDN 专线入网、使用 ADSL 宽

带入网、使用 DDN 专线入网、使用帧中继方式入网、局域网接入。

（1）拨号上网方式。

拨号上网就是通过电话拨号的方式接入 Internet 的，但是用户的计算机与接入设备连接时，该接入设备不是一般的主机，而是称为接入服务（Access Server）的设备，同时在用户计算机与接入设备之间的通信必须用专门的通信协议 SLIP 或 PPP。

拨号上网的特点：投资少，适合一般家庭及个人用户使用；速度慢，因为其受电话线及相关接入设备的硬件条件限制，一般在 56kbps 左右。

（2）ISDN 专线接入。

ISDN 专线接入又称为一线通、窄带综合业务数字网业务（N-ISDN）。它是在现有电话网上开发的一种集语音、数据和图像通信于一体的综合业务形式。

一线通利用一对普通电话线即可得到综合电信服务：边上网边打电话、边上网边发传真、两部计算机同时上网、两部电话同时通话等。通过 ISDN 专线上网的特点：方便，速度快，最高上网速度可达到 128kbps。

（3）ADSL 宽带接入。

ADSL 即不对称数字线路技术，是一种不对称数字用户线实现宽带接入互联网的技术，其作为一种传输层的技术，利用铜线资源，在一对双绞线上提供上行 640kbps、下行 8Mbps 的宽带，从而实现了真正意义上的宽带接入。

ADSL 宽带入网特点：与拨号上网或 ISDN 相比，减轻了电话交换机的负载，不需要拨号，属于专线上网，不需另缴电话费。

（4）DDN 专线入网。

DDN 即数字数据网，是利用数字传输通道（光纤、数字微波、卫星）和数字交叉复用节点组成的数字数据传输网。可以为用户提供各种速率的高质量数字专用电路和其他新业务，以满足用户多媒体通信和组建中高速计算机通信网的需要。

DDN 专线的特点：采用数字电路，传输质量高，时延小，通信速率可根据需要选择；电路可以自动迂回，可靠性高。

（5）帧中继方式入网。

帧中继是在 OSI 第二层上用简化的方法传送和交换数据单元的一种技术。通过帧中继入网需申请帧中继电路，配备支持 TCP/IP 协议的路由器，用户必须有 LAN（局域网）或 IP 主机，同时需申请 IP 地址和域名。入网后用户网上的所有工作站均可享受 Internet 的所有服务。

帧中继上网的特点：通信效率高，租费低，适用于 LAN 之间的远程互联，传输速率在 9600bps～2048kbps 之间。

（6）局域网接入。

局域网连接就是把用户的计算机连接到一个与 Internet 直接相连的局域网 LAN 上，并且获得一个永久属于用户计算机的 IP 地址。不需要 Modem 和电话线，但是需要有网卡才能与 LAN 通信。同时要求用户计算机软件的配置要求比较高，一般需要专业人员为用户的计算机进行配置，计算机中还应配有 TCP/IP 软件。

局域网接入的特点：传输速率高，对计算机配置要求高，需要有网卡，需要安装配有 TCP/IP 的软件。

2．ADSL 宽带接入的设置与使用

（1）安装 ADSL 线路及设备。

ADSL 服务需要向 ISP 申请，在原有的电话线上进行跳线，建立 ADSL 线路和 ADSL 节点。

（2）ADSL 硬件安装。

将 ISP 提供的电话线接入滤波分离器的 LINE 接口，将电话接入 PHONE 接口，电话就可以使用了；在计算机中安装好网卡和驱动程序。

用准备好的另一根电话线从滤波分离器的 Modem 接口连接到 ADSL Modem 的 ADSL 接口，再用双绞线把网卡和 ADSL Modem 的 RJ-45 接口连接，最后接上电源。

（3）安装和配置虚拟拨号软件 PPPOE。

在 EnterNet 300 文件夹中双击 setup.exe 文件，安装 EnterNet 300，如图 6-22 所示；然后单击"下一步"按钮完成安装。

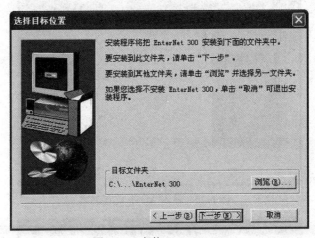

图 6-22　安装 EnterNet 300

安装后，双击桌面上的 EnterNet 300 图标，如图 6-23 所示，弹出 EnterNet 300 配置窗口，如图 6-24 所示。

图 6-23　EnterNet 300 图标

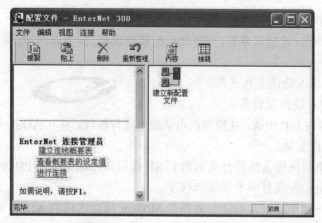

图 6-24 EnterNet 300 配置窗口

在 EnterNet 300 配置窗口中，双击"建立新配置文件"图标，弹出如图 6-25 所示的对话框。在对话框中输入 ADSL 连接名，如 adsl，然后单击"下一步"按钮，弹出如图 6-26 所示的对话框。

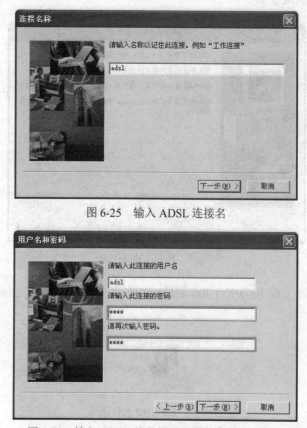

图 6-25 输入 ADSL 连接名

图 6-26 输入 ADSL 拨号的"用户名"和"密码"

输入 ADSL 拨号正确的"用户名"和"密码","用户名"和"密码"是由 ISP（网络运营商）提供，"密码"输入两次，单击"下一步"按钮弹出下一个对话框，继续按"下一步"按钮，在服务对话框中选择相适应的服务器（服务器名称由 ISP 提供），然后单击"下一步"按钮。最后在"完成连接"窗口中单击"完成"按钮，即完成虚拟拨号软件设置。

（4）拨号连接。

当需要上 Internet 时，双击新图标 adsl，打开 ADSL 连接，再单击"连接"按钮，呼叫建立成功后，在计算机状态栏会出现双计算机小图标，表示连接成功。

6.5.6　局域网组建疑难问题与解答

1. 问题 1

Q：如何才能判断局域网中两台计算机是否连接？

A：在"运行"中输入 cmd，然后在 DOS 命令行中输入 Ping 命令加对方计算机 IP 地址即可。如果连通，则结果如图 6-27 所示。

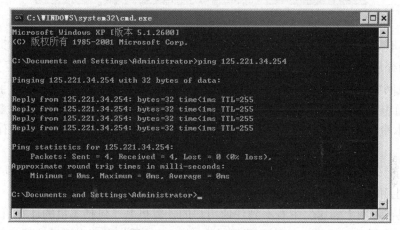

图 6-27　Ping 命令连通结果

如果不连通，则结果如图 6-28 所示。

2. 问题 2

Q：局域网中计算机都为 XP 系统，对方机器已经设置了共享，能 Ping 通局域网内的其他机器，但却不能访问？

A：（1）装好协议；（2）启用 guest 账户；（3）关掉防火墙。

3. 问题 3

Q：集线器在网络从 10Mbps 升级到 100Mbps 或新建一个 100Mbps 的局域网时，局域网络无法正常工作？

A：在 100Mbps 网络中只允许对两个 100Mbps 的 Hub 进行级联，而且两个 10Mbps 的 Hub

之间的连接距离不能大于 5m，所以 100Mbps 的局域网在使用 Hub 时最大距离为 205m。如果实际连接距离不符合以上要求，网络将无法连接。这一点一定要引起读者们的足够重视，否则在用户规划网络时很容易造成严重的错误。

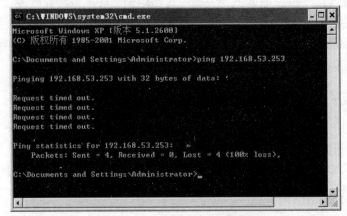

图 6-28　Ping 命令不连通结果

4.　问题 4

Q：传输介质故障？

A：局域网中使用的传输介质主要有双绞线和细同轴电缆，双绞线一般用于星型网络结构的布线，而电缆多用于总线型结构的布线。当网络传输介质出现故障时，大多数情况下无法直接从它本身查找到故障点，而要借助于其他设备（如网卡、Hub 等）或操作系统来确定故障所在。

5.　问题 5

Q："网上邻居"中看不到任何用户名称？

A：如果在"网上邻居"中看不到任何用户的计算机名（包括本机的计算机名），请检查网卡的安装和设置是否正确。此时，用户可在 Windows 操作系统中通过选择"开始"→"设置"→"控制面板"→"系统"→"设备管理"，在列表框中找到网卡后单击"属性"按钮，在弹出的对话框中看网卡与系统中的其他设备是否发生冲突，如果发生冲突则在"网上邻居"中看不到任何计算机的名称。

6.　问题 6

Q："网上邻居"中能看到自己，却看不到别人？

A：（1）网线连接故障或网线本身有问题，即 T 型连接器、BNC 连接器、细缆、终端电阻器连接有问题，或质量有问题。由于是总线型连接，网络连接中只要有一处出现问题，就会导致整个网络瘫痪。这时，可用隔离检查的办法来查找故障点。其办法是：先连接两台计算机，看能否连通，如果能够连通，再接入靠近的另一台计算机，逐个检查下去，直到发现问题为止。

（2）模块或交换机本身故障或连接问题。

（3）TCP/IP 协议加载故障（是否分配了内部 IP 地址和子网掩码）。

7. 问题 7

Q："网上邻居"中能看到别人，却看不到自己?

A：选择"控制面板"→"网络"→"文件及打印共享"，勾选"允许其他用户访问我的文件"复选框即可。如无"文件及打印共享"选项，可选择"添加"→"服务"→"Microsoft 网络上的文件与打印机共享"，重复前面的操作即可。

8. 问题 8

Q：无法通过局域网软件代理服务器（如 WinGate、SyGate）访问 Internet?

A：（1）服务器端代理软件问题，如相应服务端口被其他软件占用，可改变端口值解决；服务权限没给用户或者根本就没配置相应的服务或者限制某些服务，重新配置即可；代理软件过期或版本太低问题，上网下载高版本软件，对软件进行注册。

（2）客户端浏览器本身有故障或配置不正确，可试试其他的浏览器或重新配置；客户端软件过期或版本太低；客户端局域网连接故障，请参照前面的说明即可解决。

（3）当前网络连接太慢或者 Internet 上部分站点服务器相应服务提供不全或有故障。

6.6 习题

1. 按照覆盖的地理范围，计算机网络可以分为哪几种?
2. 建立计算机网络的主要目的是什么?
3. 最基本的网络拓扑结构有 3 种，它们是什么?
4. 在客户-服务器交互模型中，客户和服务器分别是什么?
5. Internet 接入方式有哪几种，它们的特点是什么?
6. 如何才能判断局域网中两台计算机是否连接?

7

系统的备份与还原

- 掌握系统自带备份工具的使用方法
- 了解 Ghost 工具备份还原的方法

- 系统备份的类型
- 系统还原的方法

备份系统与数据的重要性在于当系统出现问题或者数据丢失后可以及时恢复，从而节省时间并将损失降到最低。但很多用户对此并没有足够的重视，或者不知道使用什么方法和工具来完成这个工作。本章重点讲解常用的几种备份与还原的方法。

7.1 备份

7.1.1 系统自带备份工具——以 Windows 7 为例

为方便大家对自己的计算机系统进行备份还原，省去重装系统的麻烦，下面首先介绍 Windows 7 系统自带备份还原工具，只需要按着提示进行操作即可达到要求。

（1）打开"控制面板"，如图 7-1 所示。

图 7-1　控制面板

（2）选中"备份您的计算机"按钮，如图 7-2 所示。

图 7-2　备份您的计算机

（3）单击"设置备份"按钮，如图 7-3 所示，开始设置备份，如图 7-4 所示。

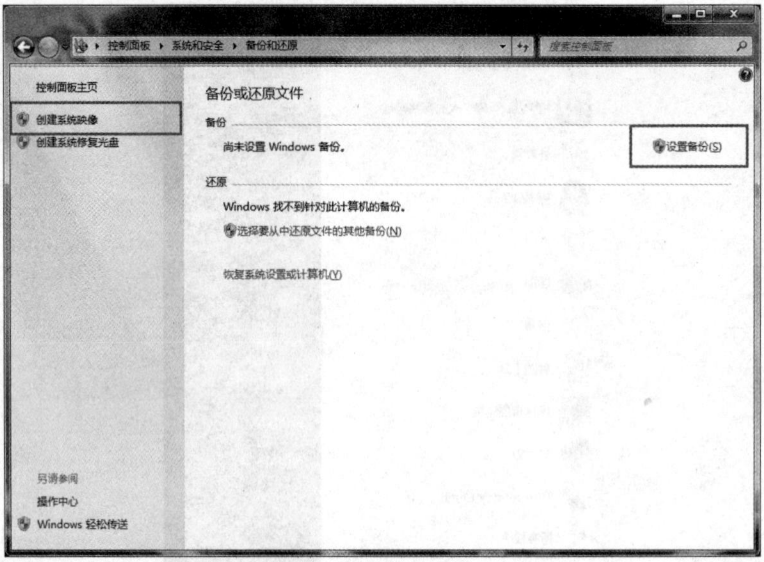

图 7-3　备份还原界面

图 7-4　启动备份

（4）选择备份保存位置，如图 7-5 所示。

（5）选择备份目标（将系统盘备份或者 D 盘备份），如图 7-6 所示

1）让 Windows 选择备份哪些区域。系统会自动选择备份 C 盘和 D 盘。

2）自己手动选择。手动选择需要备份的区域。

图 7-5 选择保存备份的位置

图 7-6 设置备份选项

（6）选中"让我选择"单选按钮后，选择需要备份的数据文件，以及计算机中的 C 盘（系统盘）、D 盘、E 盘，或者根据自己的需要进行选择，如图 7-7 所示，即可完成数据备份工作。

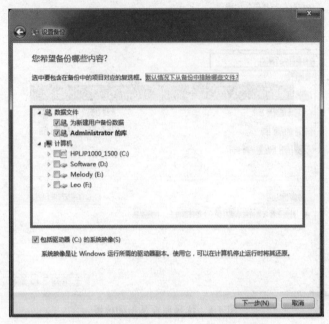

图 7-7　选择需要备份的文件及分区

7.1.2　Ghost 备份与还原工具

1. Ghost 概述

Ghost 系统是指通过赛门铁克公司（Symantec Corporation）出品的，在装好的操作系统中进行镜像克隆的系统，通常 Ghost 用于操作系统的备份，在系统不能正常启动时用来进行恢复，可以实现 FAT16、FAT32、NTFS、OS2 等多种硬盘分区格式的分区及硬盘的备份还原，俗称克隆软件。

既然称之为克隆软件，说明其 Ghost 备份还原是以硬盘的扇区为单位进行的，也就是说能够将一个硬盘上的物理信息完整的复制，而不仅仅是数据的简单复制；克隆人只能克隆躯体而已，但这个 Ghost 却能克隆系统中所有的东西，包括声音动画图像，连磁盘碎片都可以帮助用户复制。Ghost 支持将分区或硬盘直接备份到一个扩展名为.gho 的文件里（镜像文件），也支持直接备份到另一个分区或硬盘里。

Ghost 就是为了解决日益复杂的备份和恢复系统问题而设计的。而且 Ghost 的工作原理和方法与其他的备份软件不同，它将硬盘的一个分区或整个硬盘作为一个对象来操作，可以完整的复制对象，并打包压缩成为一个镜像文件，在需要的时候，又可以通过它本身将该镜像文件快速恢复到指定的分区或对应的硬盘中。它的功能包括两个硬盘之间的相互拷贝、两个硬盘的分区相互拷贝、两台计算机之间的硬盘相互拷贝、制作硬盘的镜像文件等。用得最多的是它的分区备份和恢复功能，它能够将硬盘的一个分区压缩备份成镜像文件，然后存储在另一个分区硬盘或大容量软盘中，万一原来的分区发生问题，就可以将所备件的镜像文件拷贝回去，让分区恢复正常。可以利用它来备份系统和完全恢复系统。对于学校，使用 Ghost 软件进行硬盘对拷可迅速方便地实现系统的快速安装和恢复，而且维护起来也比较容易。

2. 使用 Ghost 进行系统备份

使用 Ghost 进行系统备份，有整个硬盘（Disk）和分区硬盘（Partition）两种方式。硬盘的克隆就是对整个硬盘的备份和还原。选择菜单 Local→Disk→To Disk 命令，如图 7-8 所示。

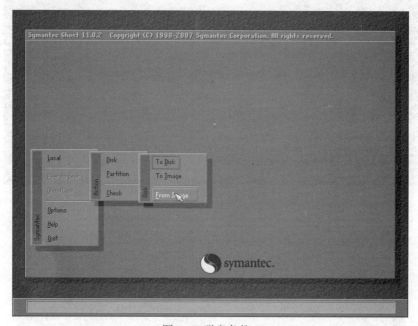

图 7-8　磁盘备份 1

在弹出的界面中选择源硬盘（第一个硬盘），然后选择要复制到的目标硬盘（第二个硬盘）。注意，可以设置目标硬盘各个分区的大小，Ghost 可以自动对目标硬盘按设定的分区数值进行分区和格式化。选择 OK 按钮开始执行，如图 7-9 所示。

Ghost 能将目标硬盘复制的与源硬盘几乎完全一样，并实现分区、格式化、复制系统和文件一步完成。只是要注意目标硬盘不能太小，必须能将源硬盘的数据内容装下。

Ghost 还提供了一项硬盘备份功能，就是将整个硬盘的数据备份成一个文件保存在硬盘上（菜单 Local→Disk→To Image 命令），然后就可以随时还原到其他硬盘或源硬盘上，这对安装多个系统很方便。

3. 分区的复制、备份和还原

分区备份与硬盘原理相同，如图 7-10 所示，选择 Local→Partion→To Image 命令，对分区进行备份。然后选择硬盘，如图 7-11 所示。

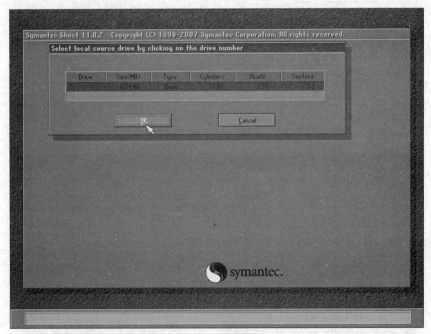

图 7-9　磁盘备份 2

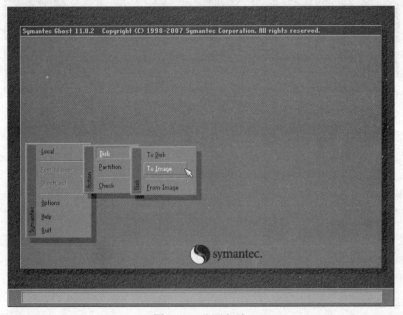

图 7-10　分区备份

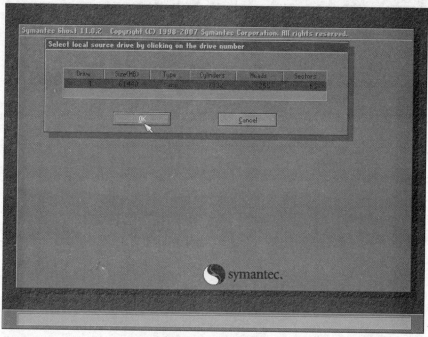

图 7-11 选择硬盘

再选择分区，如图 7-12 所示；或者选择多个分区，如图 7-13 所示。

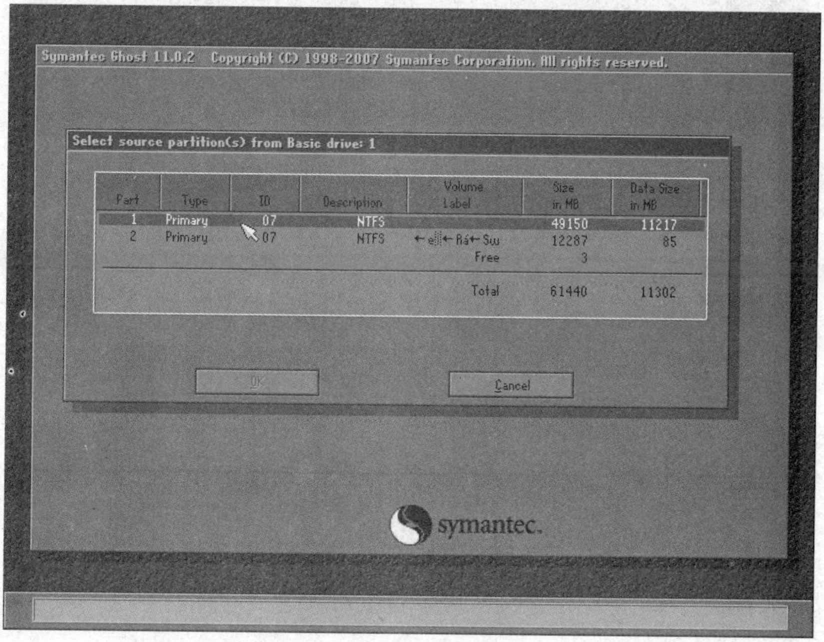

图 7-12 选择分区 1

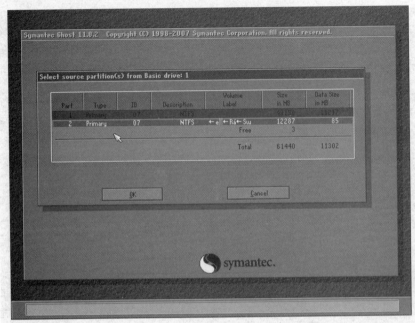

图 7-13 选择分区 2

选择镜像文件位置，如图 7-14 所示。

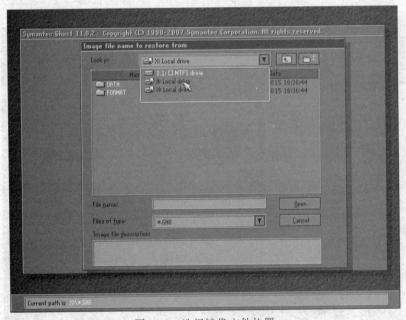

图 7-14 选择镜像文件位置

输入镜像文件名，如图 7-15 所示。

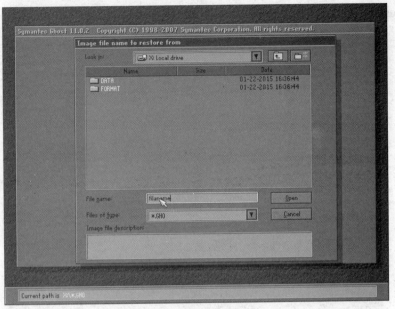

图 7-15　输入镜像文件名

即可进行备份操作，如图 7-16 所示。

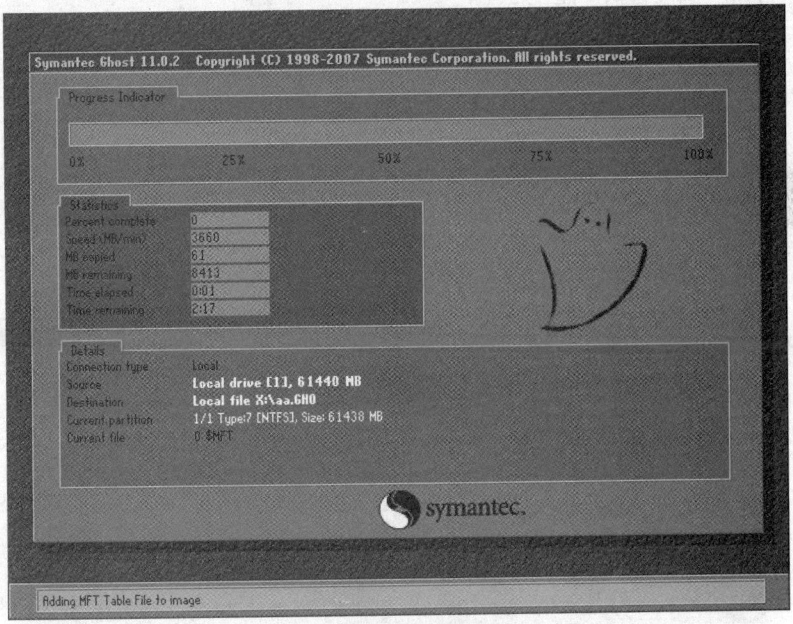

图 7-16　进行备份操作

下面再介绍利用备份进行分区还原的操作步骤：

选择 Local→Partion→From Image 命令对分区进行还原，如图 7-17 所示。

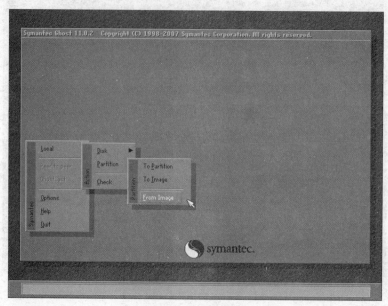

图 7-17　分区还原

选择镜像文件，如图 7-18 所示。

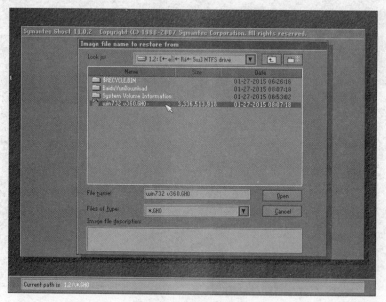

图 7-18　选择镜像文件

选择目标硬盘，如图 7-19 所示。

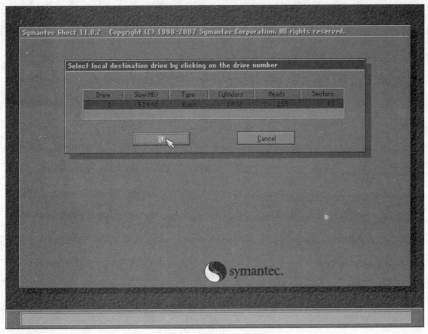

图 7-19　选择目标硬盘

选择目标分区，如图 7-20 所示，单击 OK 按钮进行确认。

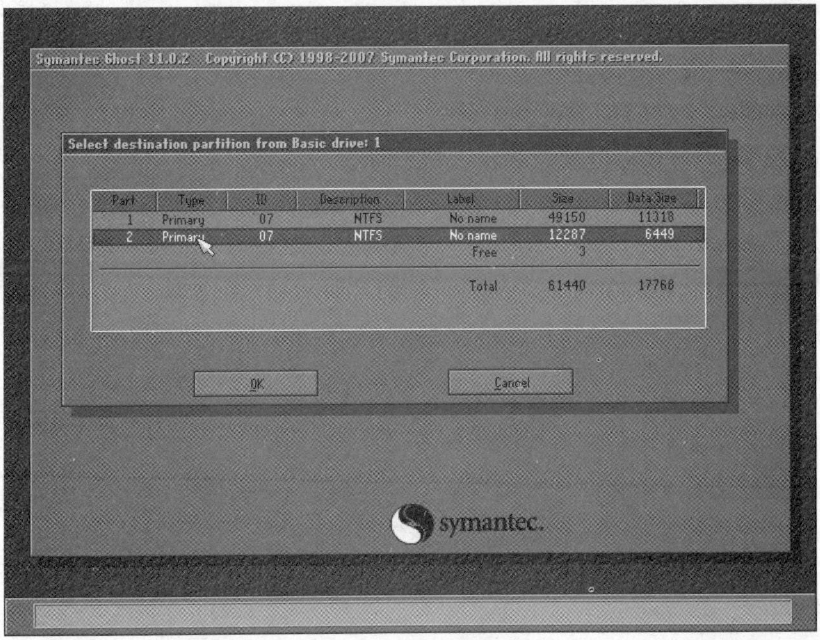

图 7-20　选择目标分区

单击 Yes 按钮即可还原，如图 7-21 所示。

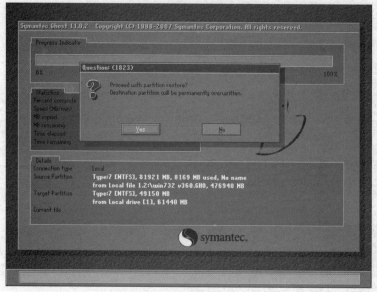

图 7-21　开始进行还原

7.2　数据还原

在频繁安装、卸载应用程序或设备驱动的过程中，Windows 7 系统很容易发生错误而不能正常运行，如何让发生故障的系统快速恢复正常，一直是每一位用户都要面对的问题，在 Windows 7 系统环境下可以很轻松地解决这样的问题。

系统还原可以帮助用户将计算机的系统文件及时还原到早期的还原点。此方法可以在不影响个人文件（如电子邮件、文档或照片）的情况下，撤销对计算机所进行的系统更改。

当初次安装部署好 Windows 7 系统后，必须立即为该系统创建一个系统还原点，以便将 Windows 7 系统的"干净"运行状态保存下来。

在创建前最好进行必要的更新，安装必装的软件，如 Office 等，用 Windows 7 自带磁盘清理和碎片整理功能对系统分区做必要的清理和碎片整理，对系统进行全面个性设置。这样当还原系统时可以还原到最佳状态。

系统还原使用名为"系统保护"的功能在计算机上定期创建和保存还原点。这些还原点包含有关注册表设置和 Windows 使用的其他系统信息的信息。还可以手动创建还原点。

7.2.1　创建还原点

右击 Windows 7 系统桌面上的"计算机"图标，在弹出的快捷菜单中执行"属性"命令，单击系统属性设置窗口中的"系统保护"按钮，打开"系统保护"设置页面，如图 7-22 所示。

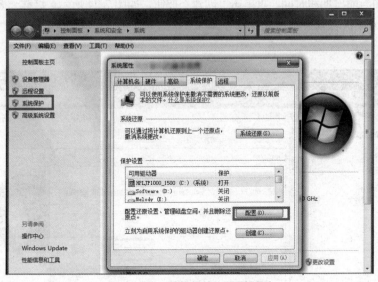

图 7-22　"系统保护"设置页面

其次在"保护设置"区域，选中 Windows 7 系统所在的磁盘分区选项，再单击"配置"按钮，进入系统还原设置对话框；由于现在只想对 Windows 7 系统的安装分区进行还原操作，为此必须选中"还原系统设置和以前版本的文件"单选按钮，如图 7-23 所示，再单击"确定"按钮返回到"系统保护"设置页面。

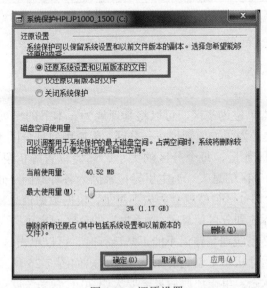

图 7-23　还原设置

接着单击该设置页面中的"创建"按钮，在其后的界面中输入识别还原点的描述信息，同时系统会自动添加当前日期和时间，再单击"创建"按钮，如图7-24所示，这样一来Windows 7系统的"健康"运行状态就会被成功保存下来了。

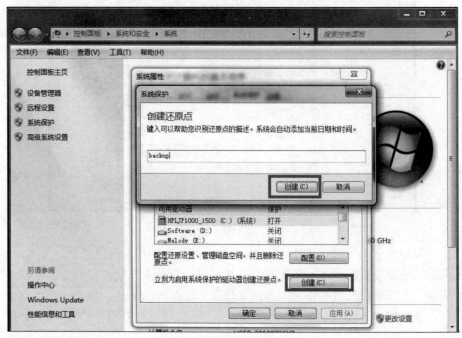

图7-24　创建还原点

7.2.2　系统还原

硬盘存放数据的基本单位为扇区，可以将其理解为一本书的一页。当我们装机或者买来一个移动硬盘，第一步便是为了方便管理——分区。无论用何种分区工具，都会在硬盘的第一个扇区标注上硬盘的分区数量、每个分区的大小、起始位置等信息，术语称为主引导记录（MBR），也有人称其为分区信息表。当主引导记录因为各种原因（硬盘坏道、病毒、误操作等）被破坏后，一些或全部分区自然就会丢失不见了，根据数据信息特征，可以重新推算计算分区大小及位置，手工标注到分区信息表，"丢失"的分区回来了。

以后一旦Windows 7系统遇到错误不能正常运行时，可以单击这里的"系统还原"按钮，之后选择系统"健康"运行状态下创建的系统还原点，如图7-25所示，最后单击"完成"按钮来快速恢复系统运行状态。单击还原后只需要大约30秒钟系统就可以恢复了。

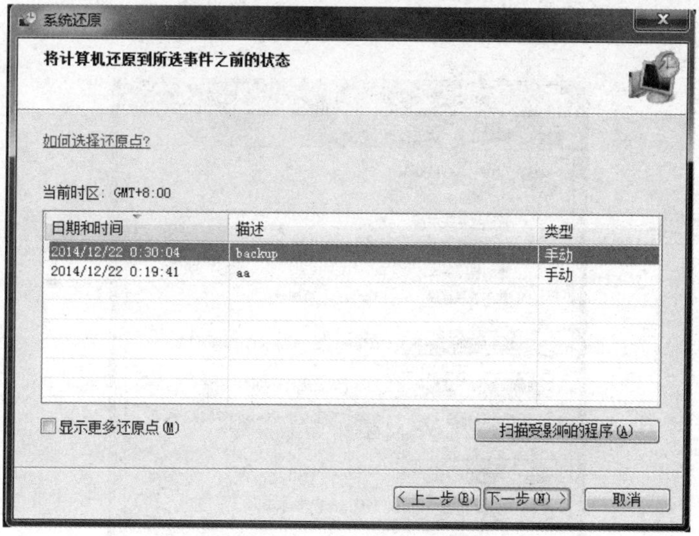

图 7-25　选择还原点进行还原

7.3　驱动程序备份与恢复

7.3.1　通过系统自带的驱动恢复

驱动程序是一种可以使计算机和设备通信的特殊程序，可以说相当于硬件的接口，操作系统只有通过这个接口，才能控制硬件设备的工作，假如某设备的驱动程序未能正确安装，便不能正常工作。因此，驱动程序被称为——硬件和系统之间的桥梁。

使用系统自带的驱动恢复可以进行恢复，单击"开始"→"控制面板"菜单项，在出现的对话框中单击"系统和安全"图标，单击"设备管理器"按钮，打开"设备管理器"对话框。在对话框中的硬件列表中双击要复原驱动程序的硬件设备，并在出现的该设备的属性对话框中单击"驱动程序"选项卡，单击"回滚驱动程序"按钮即可将驱动程序恢复成原来的驱动程序，如图 7-26 所示。

7.3.2　使用驱动精灵备份驱动程序

驱动精灵作为一个老牌的驱动管理软件，驱动备份还原功能自然必不可少。

1. 首页默认检测是否备份网卡驱动

在所有驱动程序中最重要最特殊的自然要数网卡驱动了。因为如果计算机中缺少其他驱动时直接联网下载安装即可，但如果缺少了网卡驱动并且没有备份的话，解决起来或许就没有这么简单了。尤其是在重装系统后和更新的网卡驱动不能正常使用且无法回滚时。

考虑到网卡驱动的重要性和特殊性，驱动精灵在首屏默认检测您是否为计算机备份了网卡驱动。如果没有备份会特别提醒，如图 7-27 所示。

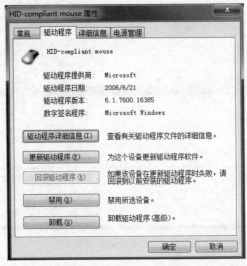

图 7-26　系统驱动恢复

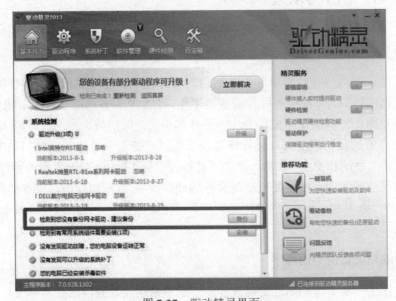

图 7-27　驱动精灵界面

为方便用户使用，如果在主界面上单击网卡驱动检测结果后的"备份按钮"则会弹出专门的网卡驱动备份窗口，如图 7-28 所示。

2. 备份还原同一界面，断网依然正常使用

相比于旧版本，新版驱动精灵在驱动备份还原方面的最大改变，即统一了曾经的备份界

面和还原界面，使驱动程序的备份和还原可在同一界面下操作。在新的操作界面下，几个驱动已备份，几个驱动尚未备份，具体哪一个驱动尚未备份，哪一个驱动已备份并可以还原都一目了然，如图 7-29 所示。

图 7-28　驱动精灵备份

图 7-29　驱动精灵备份与还原 1

3. 直接还原，一键搞定

更新驱动前有些用户会有"是否需要先手动卸载旧驱动"的顾虑。不过，当使用驱动还原功能时就不需要有任何这方面的顾虑了。无论当前使用的驱动程序比备份驱动的版本高还是低，均不用卸载当前驱动可直接还原，如图 7-30 所示。

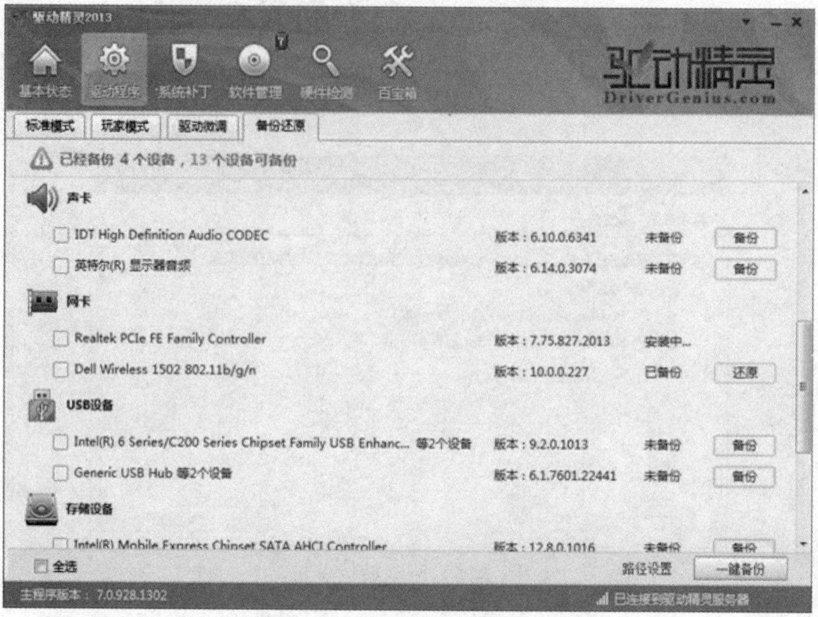

图 7-30　驱动精灵备份与还原 2

多数情况都需要重启计算机，如图 7-31 所示。

图 7-31　驱动精灵备份与还原 3

7.4　习题

1．有哪几种备份系统的方法？为什么要定期备份？
2．为什么要建立还原点？
3．如何驱动精灵完成备份与还原？

8

计算机硬件检测及故障排查

学习目标

- 掌握计算机硬件检测的方法
- 了解计算机病毒的防治

重点难点

- 计算机硬件检测性能的评估标准
- 计算机病毒的类型及预防

8.1 计算机硬件性能测试

什么是计算机硬件测试？计算机硬件测试就是对 CPU、硬盘、内存、网卡、显卡等进行的综合测试，对计算机运行能力综合评定，并对计算机的配置进行直观的评估，可以通过性能测试提前发现一些故障的隐患。

8.1.1 常用计算机检测应用软件

现在比较流行的计算机检测应用软件有：电脑管家、360 安全卫士、金山卫士、百度卫士等，在这里主要介绍电脑管家这款测试软件。

1. 硬件检测的作用

打开 QQ 电脑管家主程序，如图 8-1 所示，单击 QQ 电脑管家的"常用工具"中的"硬件检测"，将自动为您检测硬件信息。

图 8-1　QQ 电脑管家主程序

　　硬件检测包含检测 CPU、主板、内存、显卡、显示器、硬盘、网卡、声卡，以及所有接入的 USB 设备等信息，几乎包含了计算机上的全部设备信息，可以单击左侧的各标签页查看各类设备的信息。同时，硬件检测还会实时监控当前的各硬件状态，包括温度、风扇转速和电压等。可以在"电脑概览"的右侧栏看到各种表盘，如图 8-2 所示。

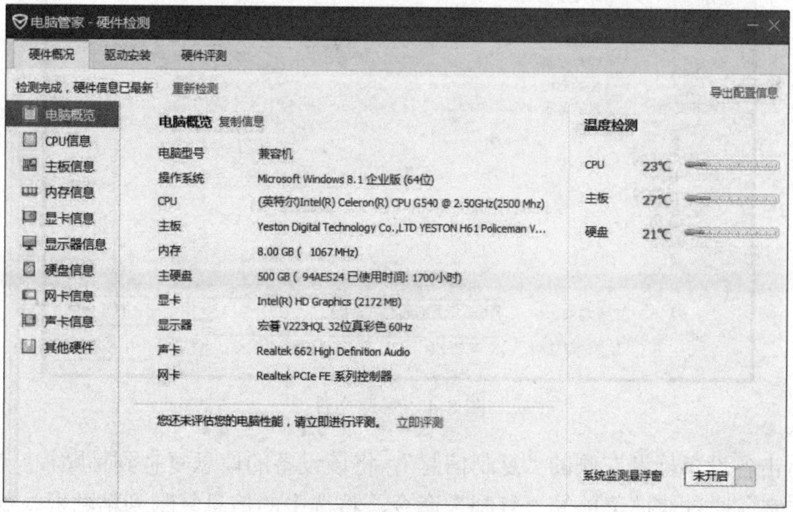

图 8-2　硬件检测界面

　　可以单击右上角的"导出信息"，如图 8-3 所示，然后选择要保存的文件（目前只支持 txt格式），单击"打开"，即可将所有硬件信息全部保存到选中的文件中，如图 8-4 所示。检测结果文件如图 8-5 所示。

图 8-3　导出信息

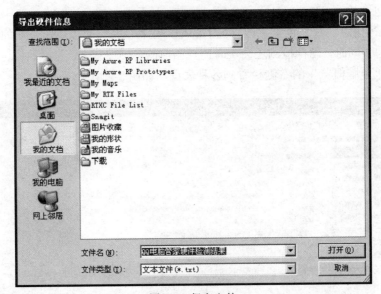

图 8-4　保存文件

　　还可以单击各设备标题右侧的"复制信息"，将该设备的信息复制到粘贴板。也可以选中任意信息中的文字，通过快捷菜单的"复制"命令，将选中的信息复制到粘贴板，如图 8-6 所示。

　　2．电脑管家评估计算机性能的方法

　　QQ 电脑管家采用创新的智能云评分系统，根据计算机各组件特性，在云服务器上智能计算计算机性能，再与服务器上存储的海量用户计算机做比较，算出计算机性能的排名，再把这些数据返回并显示在 QQ 电脑管家的硬件检测里。

图 8-5　检测结果文件

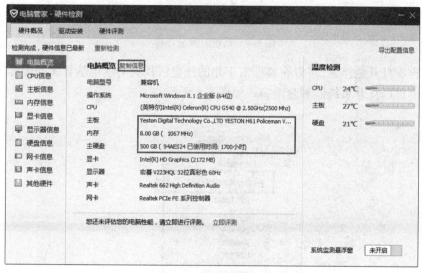

图 8-6　复制检测结果

3. 云评分系统的优点

传统的本机性能测试速度较慢，评测过程不允许用户做任何事情，只能静待评测完成。传统的本机性能评测依赖本机当前的程序运行状态，即使在评测前全部退出应用程序，也难以保证评测的客观和稳定，导致同一台计算机在不同的时候评测分数相差很多。

QQ 电脑管家的智能云评分系统则颠覆了传统性能评测的这些缺点，评测只需要短短几秒钟，而且评测过程中不会受到当前系统程序状态的影响，无论计算机当前是否运行了很多应用程序都不会影响到该计算机的性能评分。

QQ 电脑管家的智能云评分系统还可以统计出计算机在全部用户计算机中的排名，让用户对自己的计算机性能有更直观的了解。

4. 计算机性能的评分

计算机硬件日新月异，每天都在不停地升级。为了更准确地衡量用户计算机的性能，电脑管家突破原始的百分制，采用无上限的评分制来评估计算机性能，分数越高表示计算机的性能越高。随着科技的进步，计算机性能突破万分也是可能的。

5. 系统监测悬浮窗

系统监测悬浮窗是 QQ 电脑管家的一个桌面小工具，在桌面显示一个漂亮的小窗口，如图 8-7 所示，可以让您方便地查看系统当前的硬件温度、CPU 占用率、内存占用率。

当安装 QQ 电脑管家时，会默认帮您打开系统监测悬浮窗。如果暂时不想查看，可以在悬浮窗的右上角单击"关闭"按钮。

图 8-7　系统监测悬浮窗

如果想再次打开悬浮窗，可以在桌面右下角的托盘区找到 QQ 电脑管家的图标，然后右击，在快捷菜单中可以打开系统监测悬浮窗，如图 8-8 所示。

图 8-8　显示系统检测悬浮窗

也可以在 QQ 电脑管家 "设置中心"的 "硬件管理"中打开系统监测悬浮窗，如图 8-9 所示。

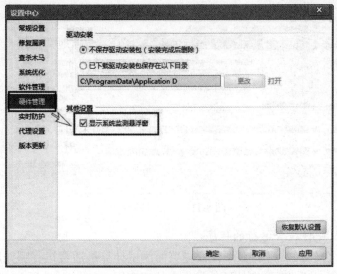

图 8-9　设置显示系统检测悬浮窗

在硬件监测右下角也有 "启动"、"禁用"按钮，方便显示或关闭悬浮窗，如图 8-10 所示。

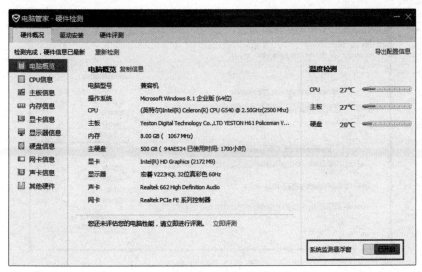

图 8-10　快速设置系统监测悬浮窗

6. 评分过程及持续时间

硬件评分首先会先运行一段 3D 评测动画，全屏显示，持续约 30 秒钟，然后再通过云评分引擎评估计算机的 CPU、内存、以及综合性能，如图 8-11 所示。

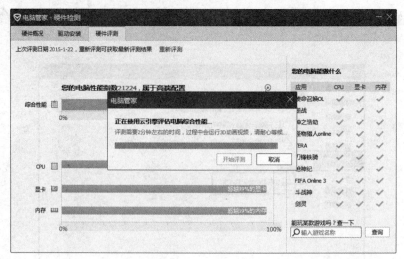

图 8-11　综合性能检测

7. 查看计算机硬件适合运行的程序

完成"硬件评分"后，可以在硬件评测页面测试计算机适合运行哪些应用，例如单击右侧栏中的"看高清电影"，查看您的硬件是否支持该应用，如图 8-12 所示。或者在下方的搜索框中输入您想玩的游戏名称，单击"查询"按钮，左边会显示计算机是否达到支持该款游戏的最低配置。

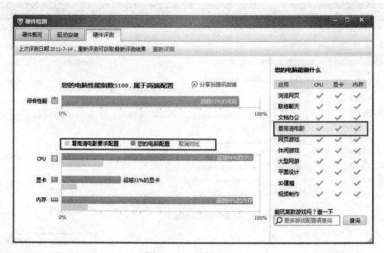

图 8-12　硬件测评

8. 将硬件检测结果与他人分享的方法

完成"硬件评分"后，可以在硬件评测页面，单击"分享到微博"按钮，如图 8-13 所示，就能够把您的评测结果与您的好友分享了。

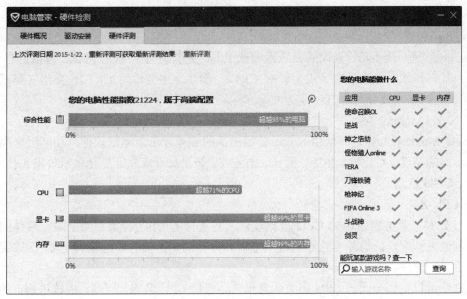

图 8-13　运行软件检测

8.1.2　用常用测试软件检测计算机

一、综合性检测分析

1. AIDA64

AIDA64 是一款测试软硬件系统信息的工具，也是一款功能强大的系统分析测评工具。提供了诸如协助超频、硬件侦错、压力测试和传感器监测等多种功能，它可以详细地显示出计算机每一个方面的信息。

AIDA64 采用 32 位的底层硬件扫描，可以支持 3400 多种主板，支持上千种显卡，支持对并口/串口/USB 这些 PNP 设备的检测，支持对各式各样的处理器的侦测，支持查看远程系统信息和管理，并将查看结果导出为 HTML、XML 等。

2. HWiNFO 32

HWiNFO 32 是一款专业的计算机硬件检测软件。它主要可以显示出处理器、主板及芯片组、PCMCIA 接口、BIOS 版本、内存等信息，另外 HWiNFO 还提供了对处理器、内存、硬盘以及 CD-ROM 的性能测试功能。

3. PCMark Vantage

PCMark Vantage 主要用于检测系统的整体性能，并通过软件给出的综合评价分值评估系统的性能。PCMark 能够衡量各种类型计算机的综合性能。从多媒体家庭娱乐型计算机到笔记本电脑，从专业工作站到高端游戏平台，无论是专业人士，还是普通用户，都能通过 PCMark Vantage 对计算机各种性能了解透彻，从而发挥其最大性能。

二、显示器检测

1. DisplayX

DisplayX 是一款小巧、强悍的显示器测试工具，尤其适合于 LCD 测试。包括色彩、灰度、对比度、几何形状、呼吸效应（主要针对 CRT）、聚焦（主要针对 CRT）、交错（测试显示器抗干扰）、延时（主要针对 LCD）等功能。

2. Nokia Monitor Test

Nokia Monitor Test 是一款由 Nokia 公司出品的专业显示器测试软件，功能很全面，包括测试显示器的亮度、对比度、色纯、聚焦、水波纹、抖动、可读性等重要显示效果和技术参数。

三、CPU 检测

1. CPU-Z

CPU-Z 是一款非常常用的 CPU 检测软件。它支持的 CPU 种类相当全面，软件的启动速度及检测速度都很快。另外，它还能检测主板和内存的相关信息，但是对于 CPU 的鉴别最好还是使用原厂软件。

该软件可以提供全面的 CPU 相关信息报告，包括 CPU 名称、厂商、内核进程、内部和外部时钟、局部时钟监测等参数。选购之前或者购买 CPU 后，如果要准确地判断其超频性能，就可以通过它来测量 CPU 实际设计的 FSB 频率和倍频。

2. Core Temp

Core Temp 是一款免费的专业 CPU 温度检测软件，它能藉由处理器内部的数字温度传感器（Digital Thermal Sensor，DTS），直接读取各种处理器的数字热敏传感器的信息，从而提供更精确的温度数值，因此 Core Temp 的准确率非常得高。

四、内存检测

1. MemTest

MemTest 能在 Windows 系统下自动检测内存，它是少数可以在 Windows 操作系统中运行的内存检测软件之一。它不但可以彻底地检测出内存的稳定度，还可以同时测试记忆的存储与检索资料的能力，让用户可以确实掌控到目前机器上正在使用的内存是否可以信赖。

2. DocMemory

DocMemory 是一款内存检测软件。使用该软件需要制作一张启动盘，然后用该启动盘启动计算机进行检测，启动后即可检测内存。软件提供 10 种内存检测，包括 Mats、Marchb、Marchc 及 Checkerboard 等，能够检测出 95%以上的内存故障。也同时可以检测出内存的大小、速度、数量及 CPU 类型等信息。

五、显卡性能测试

1. 3DMark

3DMark 是 Futuremark 公司的一款专为测量显卡性能的软件，现已发行 3DMark 99、3DMark 2001、3DMark 2003、3DMark 2005、3DMark 2006、3DMark Vantage、3DMark 11 和 The New 3DMark。而现在的 3DMark 已不仅是一款衡量显卡性能的软件，其已渐渐转变成为

一款衡量整机性能的软件。

2. MadShaders

MadShaders 是一款专业的显卡性能测试工具，可以用它来检测显卡的各个性能和指标，同时给出标准的评分。MadShaders 可调用新的 GLSL 像素着色器，可欣赏到令人惊叹的渲染效果，如果想让渲染平滑流畅，则需要具备强大的显卡 GPU 和最新的显卡驱动。

8.2　计算机硬件的日常维护

随着计算机的普及，几乎每天工作或学习都在使用计算机，但往往忽略对其硬件的维护。其实硬件的维护更重要于软件的维护，软件一旦出现故障，最后的一招就是重装操作系统和各类软件。而硬件一旦出现故障，可不见得那么轻松了。如果平时经常注重对硬件的维护，那么计算机能更长时间地为我们的工作与生活服务。

8.2.1　计算机的日常维护

1. 合理放置

由于计算机在运行时不可避免地会产生电磁波和磁场，因此最好将其放置在离电视机、录音机远一点的地方，这样做可以防止计算机的显示器和电视机屏幕的相互磁化，交频信号互相干扰。

由于计算机是由许多紧密的电子元件组成的，因此务必要将其放置在干燥的地方，以防止潮湿引起电路短路。

计算机在运行过程中 CPU 会散发大量的热量，如果不及时将其散发，则有可能导致 CPU 过热及工作异常，因此，最好将计算机放置在通风凉爽的位置。

由于计算机在刚加电和断电的瞬间会有较大的电冲击，会给主机发送干扰信号导致主机无法启动或出现异常，因此，在开机时应该先给外部设备加电，再给主机加电。但是如果个别计算机，先开外部设备（特别是打印机）则主机无法正常工作，这种情况下应该采用相反的开机顺序。关机时则相反，应该先关主机，然后关闭外部设备的电源。这样可以避免主机中的部位受到大的电冲击。

在使用计算机的过程中还应该注意下面几点：

（1）对于 Windows 系统也不能任意开关，一定要正常关机；如果死机，应先设法"软启动"（等待进程响应后关闭），再"硬启动"（按 RESET 键），实在不行再"硬关机"（按电源开关数秒钟）。

（2）在计算机运行过程中，机器的各种设备不要随便移动，不要插拔各种接口卡，也不要装卸外部设备和主机之间的信号电缆。如果需要作上述改动的话，则必须在关机且断开电源线的情况下进行。

（3）不要频繁地开关机器。关机后立即加电会使电源装置产生突发的大冲击电流，造成

8
Chapter

电源装置中的器件被损坏，也可能造成硬盘驱动突然加速，使盘片被磁头划伤。因此，建议如果要重新启动机器，则应该在关闭机器后等待 10 秒钟以上。

2. 定期进行清洁除尘保养工作

计算机在工作时，会产生一定的静电场、磁场，加上电源和 CPU 风扇运转产生的吸力，会将悬浮在空气中的灰尘颗粒吸进机箱并滞留在板卡上。如果不定期清理，灰尘将越积越多，严重时，甚至会使电路板的绝缘性能下降，引起短路、接触不良、霉变，造成硬件故障。显示器内部如果灰尘过多，应定期打开机箱，用干净的软布、不易脱毛的小毛刷、吹气球等工具进行机箱内部除尘。显示器因为带有高压，最好是由专业人员进行清洗。

对于机器表面的灰尘，可用潮湿的软布和中性高浓度的洗液进行擦拭，擦完后不必用清水清洗，残留在上面的洗液有助于隔离灰尘，下次清洗时只需用湿润的毛巾进行擦拭即可。

鼠标衬垫也因为有灰尘落下，使鼠标小球在滚动时，将灰尘带进鼠标内的转动轴上缠绕起来而导致其转动不畅，影响鼠标使用，这就需要打开鼠标底部滚动球小盖进行除尘。现在绝大多数（有线、无线或光电）鼠标则无此需要。

键盘在使用时，也会有灰尘落在键帽下影响接触的灵敏度。使用一段时间后，可以将键盘翻转过来，适度用力拍打，将嵌在键帽下面的灰尘抖出来。

CPU 风扇和电源风扇由于长时间的高速旋转，轴承受到磨损后散热性能降低并且还会发出很大的噪声，一般一年左右就要进行更换。

3. 注意静电现象

人或多或少总会带有一些静电，如果不加注意，很有可能导致计算机硬件的损坏。如果用户需要插拔计算机中的部件时，如声卡、显卡等，那么在接触这些部件之前，应该首先使身体与接地的金属或其他导电物体接触，释放身体上的静电，以免因静电导致计算机部件的破坏。在冬天尤其需要注意静电对计算机的损坏作用。

4. 计算机病毒

计算机病毒是一个人为编写的小程序，它隐藏在其他程序或存储器里，能够自我复制和传播。计算机病毒往往都具有破坏性，大多是一些计算机高手编制的，有的是为了显示自己的水平，有的是出于恶作剧的心理，也有的是为了恶意报复破坏。计算机病毒侵入系统后，一般不立即发作，而是潜伏一段时间，在预先设定的条件满足时才发作。如有的病毒设定在每月的某一天发作，或是计算机运行到一定的次数时才发作。在发作之前，病毒会利用一切机会进行传染，这样一个病毒往往能对计算机造成很大的损害。

计算机病毒一般通过数据交换的途径传播，尤其盗版软件是病毒传播的重要途径。随着网络的普遍使用，病毒的传播更加快速，一个新的病毒通过网络很快就能传遍全世界。因此，有效地遏制计算机病毒的蔓延是全社会的一项重要任务。防治计算机病毒的主要方法是经常使用防病毒软件进行检查和杀灭病毒。另外还要注意计算机使用安全：不使用盗版软件，避免与可能有病毒的计算机交换数据，不打开未知邮件，计算机出现提示时应看清内容、弄清原因再确认。

5. 及时升级

每一个软件都有许多的缺陷，都在不断的完善，新版本要比旧版本的缺陷少得多，性能更稳定、可靠性更高，所以要使用新版本，对旧版本不断进行升级。

6. 电源

开关电源为保障整个计算机的正常运行提供了动力源泉，只有电源的良好运行才能保证计算机的良好性能。可以选择功率较大的开关电源，随着开关电源使用时间的增加和机箱内部功能模块的增添，开关电源的负荷将会持续增大，过大的负荷将会缩短开关电源的使用寿命，因此从长远的角度考虑，选择较大的开关电源至关重要。购买稳压设备，如 UPS（不间断供电设备）等，由于电网电压的波动或电路供电设备的故障，或其他不可抗力因素的影响，极有可能导致开关电源的损坏。同时由于开关电源输入电压为 220V，因此当电网电压波动幅度较大时将会导致计算机运行出现异常，甚至造成电源损坏。

最好在适宜的温度下使用计算机，尤其要避免在低温环境下使用计算机，由于开关电源的工作环境有一定的温度范围，超出温度范围使用计算机将会导致计算机硬件性能降低，甚至无法运行，长期处于低温运行环境下可能导致开关电源寿命急剧降低。

7. 系统垃圾

平时在进行软件的安装、卸载或者上网浏览网页时都会在系统中留下大量无用的文件。一旦这些垃圾文件积聚过多后，不但会占用大量的硬盘空间，还会使系统性能下降，甚至导致系统中有用程序间的冲突，所以对系统的清理非常重要。

（1）清空"回收站"垃圾。有些人认为把文件删除后就没事了，其实计算机将这些所谓被删掉的文件系统都先保存到了"回收站"中，它同样还是占用了大量的硬盘空间。右击"回收站"图标，选择"清空回收站"选项即可

（2）删除临时文件。右击常用的浏览器（如 IE 浏览器）快捷方式，选择"属性"选项，在"常规"选项卡中分别单击"删除 cookies""删除文件"和"删除历史记录"三个按钮来清除上网留下的临时文件。

提示： 在单击"删除文件"按钮后，在弹出的对话框中一定要勾选"删除所有脱机内容"复选框，这样才能保证完全清除上网记录。

（3）清除"文档"菜单中的文件名。

单击"开始"→"设置"→"任务栏和开始菜单"，打开"任务栏属性"对话框。在该对话框中选择"开始菜单程序"选项卡，然后单击"清除"按钮即可。

（4）清除"运行"列表中的程序名。运行 regedit 命令，打开注册表编辑器，然后找到 hkey_current_user/software/microsoft/windows/currentversion/explorer/runmru。在该注册表的右侧显示出"运行"下拉列表中的信息。要删除某个项目，右击名称，选择"删除"选项即可，注意不要删除"默认"和 mrulist 所在的行。

清除系统多余字体及临时文件。利用"控制面板"上的字体图标程序即可删除不需要的字体。

删除 Windows 目录下的 Temporary Internet Files 文件夹中的所有文件即可清除临时文件。还可以利用右击"开始"按钮，然后选择"搜索"选项，在"名称"对话框中输入*.tmp，将"搜索"下拉列表设置成整个硬盘，接着单击"开始查找"，最后将所有找到的 tmp 文件删除掉即可。

删除不使用的程序。利用"控制面板"上的"添加/删除程序"来清理硬盘中没有使用的应用程序。

注意：千万不可以直接删除程序的文件目录，因为很多程序在安装时会向 Windows 的系统文件和注册表中写入信息，直接删除程序文件不仅不能很好地起到提高性能的作用，反而会使硬盘数据进一步凌乱。

提示：现在有一些专门的系统维护软件，如 Windows 优化大师，这类软件都可以通过简单的操作删除系统里的垃圾文件及一些记录，非常适合刚接触计算机的朋友使用。

8.2.2 计算机的硬件清洁

长时间使用计算机后，灰尘等污物会在机身内、外部积淀，这些因素都危害到计算机。所以，在平时或者每过一段时间对计算机进行清洁是非常有必要的。

1. 清洁工具

计算机维护不需要很复杂的工具，一般的除尘维护只需要准备十字螺丝刀、平口螺丝刀、油漆刷（或者油画笔，普通毛笔容易脱毛不宜使用）就可以了。如果要清洗软驱、光驱内部，还需要准备镜头拭纸、电吹风、无水酒精、脱脂棉球、钟表起子、镊子、皮老虎、回形针、钟表油（或缝纫机油）、黄油。

2. 注意事项

（1）打开机箱之前先要确认计算机的各个配件的质保期。

注意：在质保期内的品牌机建议不要自己打开机箱进行清洁，因为这样就意味着失去了保修的权利。在质保期内的品牌机可以拿到维修点请专业人员进行内部除尘。

（2）注意动手时一定要轻拿轻放，因为计算机各部件都属于精密仪器，如果失手掉到地上就容易损坏了。

（3）拆卸时注意各插接线的方位，如硬盘线、软驱线、电源线等，以便正确还原。

（4）用螺丝固定各部件时，应首先对准部件的位置，然后再上紧螺丝。尤其是主板，略有位置偏差就可能导致插卡接触不良；主板安装不平可能会导致内存条、适配卡接触不良，甚至造成短路，时间长了甚至可能会发生形变导致故障发生。

（5）由于计算机板卡上的集成电路器件多采用 mos 技术制造，这种半导体器件对静电高压相当敏感。当带静电的人或物触及这些器件后，就会产生静电释放，而释放的静电高压将损坏这些器件。计算机维护时要特别注意静电防护。

准备好工具，了解了操作时的注意事项后就可以开始给计算机做清洁了。

3. 外部设备清洁

（1）显示器的清洁。

显示器的清洁分为外壳清洁和显示屏清洁两个部分。

步骤1：外壳变黑变黄的主要原因是灰尘和室内烟尘的污染。可以利用专门的清洁剂来恢复外壳的本来面目。

步骤2：用软毛刷来清理散热孔缝隙处的灰尘。顺着缝隙的方向轻轻扫动，并辅助使用吹气皮囊吹掉这些灰尘。

步骤3：对于显示屏的清洁就略微麻烦，由于显示屏现在都带有保护涂层，所以在清洁时不能使用任何溶剂型清洁剂，可以采用眼镜布或镜头纸擦拭。擦拭方向应顺着一个方向进行，并多次更换擦拭布面，防止已经占有污垢的布面再次划伤涂层。

（2）键盘及鼠标的清洁。

键盘清洁：

步骤1：将键盘倒置拍击，将引起键盘卡键的碎屑拍出键盘。

步骤2：使用中性清洁剂或计算机专用清洁剂清除键盘上难以清除的污渍，用湿布擦洗并晾干键盘。

步骤3：用棉签清洁键盘缝隙内污垢。

鼠标清洁：

步骤1：将鼠标底部的螺丝拧下来，打开鼠标。

步骤2：利用清洁剂清除鼠标滚动球和滚动轴上的污垢，然后将鼠标装好即可。

由于光电鼠标多采用密封设计，所以灰尘和污垢不会进入内部。平时在使用鼠标时，最好使用鼠标垫，这样会防止灰尘和污垢进入鼠标。

机箱外壳的清洁：由于机箱通常都是放在电脑桌下面，平时不是太注意清洁卫生，机箱外壳上很容易附着灰尘和污垢。大家可以先用干布将浮尘清除掉，然后用沾了清洗剂的布蘸水将一些顽渍擦掉，然后用毛刷轻轻刷掉机箱后部各种接口表层的灰尘即可。

4. 主机内部清洁

完成外部设备的清洁后，最重要的主机内部清洁就开始了。由于机箱并不是密封的，所以一段时间后，箱内部就会积聚很多灰尘，这样对计算机硬件的运行非常不利，过多的灰尘非常容易引起计算机故障，甚至造成烧毁硬件的严重后果，所以对主机内部进行除尘非常重要，而且需要定期执行，一般三个月除尘一次为宜。以上的工作需要定期完成，平常打扫卫生时顺便简单地清洁一下计算机的外壳。

（1）拆卸主机。

注意：拆卸前，一定要关机，然后放掉身上的静电或者戴上防静电手套后才能进行如下操作。

步骤1：首先拔下机箱后侧的所有外设连线，用螺丝刀拧下机箱后侧的几颗螺丝，取下机箱盖。

步骤2：将主机卧放，使主板向下，用螺丝刀拧下条形窗口上沿固定插卡的螺丝，然后用双手捏紧接口卡的上边缘，竖直向上拔下接口卡。

步骤 3：将硬盘、光驱和软驱的电源插头沿水平方向向外拔出，数据线的拔出方式与拔电源线相同，然后用十字螺丝刀拧下驱动器支架两侧固定驱动器的螺丝，取下驱动器。

步骤 4：拧下机箱后固定电源的四个螺丝，取下电源。

步骤 5：拔下插在主板上的各种接线插头。在拆卸电源的双排 20 针插头时，要注意插头上有一个小塑料卡，捏住它然后向上直拉即可拔下电源插头。

步骤 6：稍微用点力，将内存插槽两头的塑胶夹脚向外扳动，使内存条能够跳出，取下内存条。

步骤 7：在拆卸 CPU 散热器时，需先按下远端的弹片，并让弹片脱离 CPU 插座的卡槽取出 CPU 散热器。

步骤 8：拧下主板与机箱固定的螺丝，将主板从机箱中取出。

（2）开始清理。

完成拆卸后，接下来就是对它们进行除尘处理。

步骤 1：清洁主板。用毛刷先将主板表面的灰尘清理干净。然后用油画笔清洁各种插槽、驱动器接口插头。再用皮老虎或者电吹风吹尽灰尘。

提示：如果插槽内金属接脚有油污，可用脱脂棉球沾计算机专用清洁剂或无水乙醇去除。

步骤 2：清洁内存条和适配卡。可先用刷子轻轻清扫各种适配卡和内存条表面的积尘，然后用皮老虎吹干净。用橡皮擦擦拭各种插卡的金手指正面与反面，清除掉上面的灰尘、油污或氧化层。

步骤 3：清洁 CPU 散热风扇。用小十字螺丝刀拧开风扇上面的固定螺丝，拿下散热风扇。用较小的毛刷轻拭风扇的叶片及边缘，然后用吹气球将灰尘吹干净。然后用刷子或湿布擦拭散热片上的积尘。

提示：有些散热风扇是和 CPU 连为一体的，没办法分离风扇与散热片，只能用刷子刷去风扇叶片和轴承中的积尘，再用皮老虎将余下的灰尘吹干净。

步骤 4：清洁电源。用螺丝刀将电源上的螺丝拧开，取下电源外壳，将电源部分的电路板拆下，使电路板和电源外壳分离，然后使用皮老虎和毛刷进行清洁即可。最后将电源背后的四个螺丝拧下，把风扇从电源外壳上拆卸下来，用毛刷将其刷洗干净。

提示：如果电源还在质保期内，建议用小笔刷将电源外表与风扇的叶片上的灰尘清除干净即可。因为没有过质保期的电源，随意拆卸会失去质保。

步骤 5：清洁光驱。将回形针展开插入光驱前面板上的应急弹出孔，稍稍用力将光驱托盘打开，用镜头试纸将所之处轻轻擦拭干净。如果光驱的读盘能力下降，可以将光驱拆开，用脱脂棉或镜头纸轻轻擦拭除去透镜表面的灰尘，最后装好光驱即可。

注意：由于透镜表面有一层膜，所以在清洁时一定要用柔软的干布擦拭。

完成所有的清洁工作后，接下来的就是将这些部件还原即可。不过想要计算机运行如初，除了对计算机硬件进行清洁外，系统的清理维护也是必须的，具体可参考本书第五章。

8.2.3　磁盘管理

磁盘是计算机系统存储信息的设备。本节将讨论磁盘的有关操作以及如何使用一些磁盘维护工具。

1．查看磁盘属性

右击"我的电脑"中"本地磁盘(C:)"选项，选择"属性"命令，在打开的对话框中，可以查看C盘的相关信息和设置情况，如图8-14所示。

图8-14　磁盘属性

对话框中有多个选项卡，其中：

- "常规"：包含了当前磁盘的类型、文件系统、已用和可用空间等信息。
- "工具"：提供了三个磁盘维护工具。
- "共享"：在这里设置当前驱动器在局域网上的共享信息。

2．格式化硬盘

"格式化"命令用来格式化磁盘。一张新磁盘用来存储文件之前必须先格式化，旧盘也可以再格式化，但是盘中的文件也会随之清除。"格式化"也就是在磁盘上建立存放文件的磁道和扇区。现在使用该命令格式化一个磁盘分区，步骤如下：

（1）首先应确认要被格式化的磁盘分区中的内容是否有用，这可以避免不必要的损失；打开"Windows 资源管理器"窗口（或者打开"我的电脑"窗口），右击该盘符，在快捷菜单中单击"格式化"命令，打开如图8-15所示对话框。

图 8-15　磁盘格式化

（2）确定格式化的方式，如果选择"快速格式化"方式，则只是删除磁盘中的文件，并不检查磁盘错误，只有对以前格式化过的磁盘才能使用此选项；否则，不仅删除其中的所有文件，系统还会扫描磁盘上是否有损坏的扇区。单击"开始"按钮，系统开始格式化。

3. 磁盘维护工具

系统为用户提供了四种磁盘维护工具，其中，在磁盘的"属性"对话框中单击"工具"选项卡，如图 8-16 所示，单击"优化"按钮显示图 8-17 所示对话框。

（1）检查和纠正磁盘错误。

作为一种保障系统可靠性的系统工具，可用于发现和分析磁盘错误，并且尽量修复错误，以保证磁盘数据的安全。

（2）磁盘备份。

只用于硬盘备份。可以把文件备份到软盘，或和本机连网的其他计算机上。用以保护用户数据的安全，在硬盘发生错误的情况下，可以恢复原来的数据。

（3）整理磁盘碎片。

用户使用磁盘一段时间后，由于文件的删除、移动、复制等操作，会使文件在磁盘中不连续地排列，降低了磁盘的读写速度。需要定期地使用此功能将文件重新连续地排列起来，从而提高磁盘的读写速度。

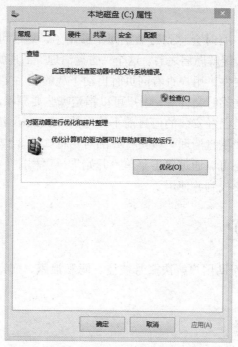

图 8-16 "工具"选项卡

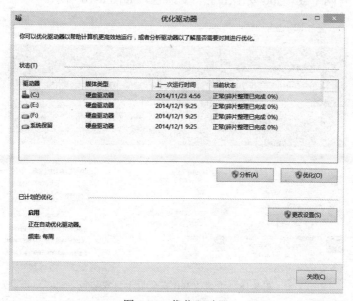

图 8-17 优化驱动器

如果在"属性"对话框中选择了"常规"选项卡，还会发现一种对磁盘有用的工具，即"磁盘清理"工具。

（4）磁盘清理。

我们在使用计算机时，有时会感到磁盘空间不够用了，这时可以通过删除磁盘上无用的文件来释放一些磁盘空间，缓解燃眉之急。这个"磁盘清理"工具就可以辨明硬盘上的那些无用文件，如因特网的临时文件、用户查看网页时自动下载的程序文件、"回收站"里的文件、运行应用程序时产生的一些临时文件等，用户可以指定哪些要删除，哪些暂不删除。利用该工具还可以进一步卸载硬盘上已经安装的但目前不使用的 Windows 组件和一些应用程序，以释放更多的磁盘空间。单击"磁盘清理"按钮打开的对话框如图 8-17 所示。

以上这些工具，用户还可以通过单击菜单"开始"→"程序"→"附件"→"系统工具"命令，在弹出的级联菜单中找到并使用。

8.3　计算机安全维护

计算机安全维护用于帮助用户解决账号被盗、隐私泄露、病毒木马等层出不穷的网络安全事故。

8.3.1　360 安全卫士的安装

360 安全卫士的安装步骤如下：

（1）在 360 官网下载"360 安全卫士"安装包，如图 8-18 所示。

图 8-18　下载"360 安全卫士"安装包

（2）双击"360 安全卫士"安装包，如图 8-19 所示，在弹出的界面中可以选择立即安装，也可以选择自定义安装（选择要安装的功能），如图 8-20 所示。立即安装软件会决定安装在什么地方、怎样安装等。一般建议自定义安装，因为有些软件可能存在捆绑等。

双击运行安装包

图 8-19　360 卫士安装包

图 8-20　安装 360 安全卫士 1

（3）选择自定义安装后，可以自定义软件的安装位置，如图 8-21 所示。

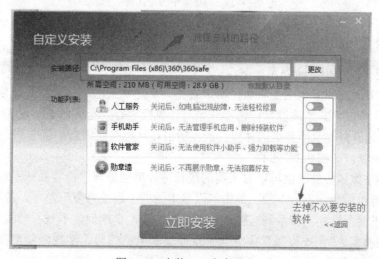

图 8-21　安装 360 安全卫士 2

（4）单击"立即安装"按钮，如图 8-22 所示。

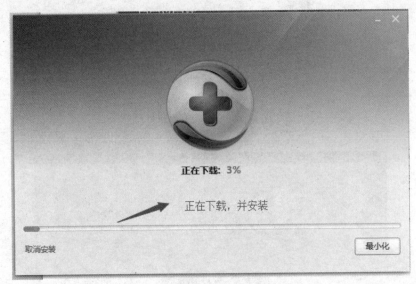

图 8-22　安装 360 安全卫士 3

（5）安装过程可能需要些时间，安装完成后便会在桌面上出现如图 8-23 所示图标。

图 8-23　360 安全卫士图标

8.3.2　360 安全卫士的使用

360 安全卫士的使用方法介绍如下：

（1）在打开"360 安全卫士"后，可以看见一个基本状态，提示你的计算机有多少天没有进行体检了，单击"立即体检"按钮，开始对计算机进行安全评估，如图 8-24 所示。

（2）体检之后会提示计算机的体检分数，如果计算机存在问题，单击"一键修复"按钮，进行系统整体修复，如图 8-25 所示。

（3）除了整体体检外，也可以对不同的选择进行单独处理，修复系统漏洞，因为系统有漏洞在怎行杀毒也是治标不治本的，单击界面最上面的"系统修复"菜单，选择"漏洞修复"按钮，扫描一下就会看到当前系统有哪些补丁没有安装，全选后，下载并修复，如图 8-26。

（4）系统修复。"系统修复"中包含常规修复和电脑门诊，常规修复可以解决常见的系统问题，如图 8-27 所示。

图 8-24　安全卫士主页面

图 8-25　体检完成

图 8-26　漏洞修复

图 8-27　系统修复

（5）如进行常规修复后，还是无法解决问题，可以单击"电脑门诊"，其中包含了几大栏目，可以根据出现在故障的类型进行查看，里面有解决问题的方法以供参考，如图 8-28 所示。

（6）计算机清理。长时间使用计算机，系统中会产生大量的垃圾文件，经常清理可以提升计算机的运行速度和浏览网页的速度。

图 8-28　电脑清理

（7）优化加速：在该选项界面中可以把系统启动时自动跟随启动的软件关闭，以加快系统的开机速度，如图 8-29 所示。

图 8-29　优化加速

（8）查杀木马：360 安全卫士提供 3 种查杀方式：快速扫描、全盘扫描、自定义扫描，可根据情况选择查杀方式，如图 8-30 所示。

图 8-30　木马查杀

8.4　常用杀毒软件的安装与使用

8.4.1　计算机病毒的特点

计算机病毒具有以下一些特性:

1. 破坏性

任何类型的病毒侵入计算机系统,都会对计算机系统产生影响。

2. 隐蔽性

病毒通常是简短的程序,附在正常的程序或磁盘较隐秘的地方,会在毫不被察觉的情况下传播到其他计算机中去。

3. 潜伏性

某些病毒感染了计算机系统后不会立即发作,而是隐藏在系统中,等到特定的触发条件再激活,实施破坏活动。

4. 传染性

正常的计算机程序一般不会将自身的代码强行链接到其他程序之上,而病毒程序却会这样做,强行传染符合条件的正常程序。这是病毒一个基本特征,也是判断一个程序是否为计算机病毒的重要依据。

5. 依附性

计算机病毒就像是寄生虫，只有依附在系统内某个正常的可执行程序上，才可能被执行。

6. 针对性

病毒发挥作用需要一定的软、硬件环境，一种病毒并不能在所有的计算机系统上都起作用。

7. 未经授权而执行

病毒的执行是未知的、未经允许的，它们隐藏在正常程序中，当正常程序被调用时会窃取和掌控系统的控制权。

8. 不可预见性

计算机软件的种类和技术在不断更新，病毒的种类也不断增加，新型未知病毒前一刻刚出现，下一刻就可能危害到计算机。

8.4.2　计算机病毒感染的症状

1. 机器不能正常启动

加电后机器根本不能启动，或者可以启动，但所需要的时间比原来的启动时间变长了。有时会突然出现黑屏现象。

2. 运行速度降低

如果发现在运行某个程序时，读取数据的时间比原来长，存文件或调文件的时间都增加了，那就可能是由于病毒造成的。

3. 磁盘空间迅速变小

由于病毒程序要进驻内存，而且又能繁殖，因此使内存空间变小甚至变为"0"，用户无法存入信息。

4. 文件内容和长度有所改变

一个文件存入磁盘后，本来它的长度和内容都不会改变，可是由于病毒的干扰，文件长度可能改变，文件内容也可能出现乱码。有时文件内容无法显示或显示后又消失了。

5. 经常出现"死机"现象

正常的操作是不会造成死机现象的，即使是初学者，命令输入不对也不会死机。如果机器经常死机，那可能是由于系统被病毒感染了。

6. 外部设备工作异常

因为外部设备受系统的控制，如果机器中有病毒，外部设备在工作时可能会出现一些异常情况，出现一些用理论或经验说不清道不明的现象。以上仅列出一些比较常见的病毒表现形式，肯定还会遇到一些其他的特殊现象，这就需要由用户自己判断了。

8.4.3　计算机病毒的预防

计算机病毒的预防方法有：

（1）建立正确的防毒观念，学习有关病毒与反病毒知识。

（2）不要随便下载网站上的软件。尤其是不要下载那些来自无名网站的免费软件，因为这些软件无法保证没有被病毒感染。

（3）是不要使用盗版软件。

（4）是不要随便使用别人的软盘或光盘。尽量做到专机专盘专用。

（5）使用新设备和新软件之前要检查。

（6）使用反病毒软件。及时升级反病毒软件的病毒库，开启病毒实时监控。

（7）有规律地制作备份。要养成备份重要文件的习惯。

（8）制作一张无毒的系统软盘。制作一张无毒的系统盘，将其写保护，妥善保管，以便应急。

（9）注意计算机有没有异常症状。

（10）发现可疑情况及时通报以获取帮助。

（11）重建硬盘分区，减少损失。若硬盘资料已经遭到破坏，不必急着格式化，因病毒不可能在短时间内将全部硬盘资料破坏，故可利用"灾后重建"程序加以分析和重建。

8.4.4　常见计算机病毒的检测和防御

1．普通病毒的检测与防御——瑞星杀毒软件的使用

瑞星杀毒软件是北京瑞星信息技术有限公司开发的一款杀毒软件，瑞星杀毒软件主程序界面为用户提供了瑞星杀毒软件所有的功能和快捷控制选项。下面以瑞星杀毒软件 2008 为例进行详细介绍。如图 8-31 所示的瑞星杀毒软件主界面上的菜单栏，包括"操作"、"视图"、"设置"和"帮助"4 个菜单选项；6 个选项卡，分别是"首页"、"杀毒"、"监控"、"防御"、"工具"、"安检"。

（1）"首页"选项卡。

在瑞星杀毒软件的"首页"选项卡中，显示了操作日志、信息中心和操作按钮 3 部分信息，如图 3-31 所示，"操作日志"提供给用户主要的操作日志信息；"信息中心"提供给用户最新的安全信息；不同的操作按钮提供给用户快捷的操作方式。

（2）"杀毒"选项卡。

在"杀毒"选项卡中，如图 8-32 所示，可供用户自主选择杀毒方式，用户在"对象"栏中可以按需选择查杀目标和快捷方式，并且可在查杀目标或快捷方式页面切换。在瑞星杀毒软件主程序中，用户可以通过"查杀目标"选择查杀对象，针对特定对象进行病毒扫描和清除。该软件预置了合理的默认设置，用户一般无需改动任何设置即可使用。另外，用户可以从"快捷方式"选项卡中直接选择查杀目标，也可以通过"添加"、"删除"和"修改"按钮管理现有的快捷查杀目标。

图 8-31　瑞星杀毒软件主界面——首页

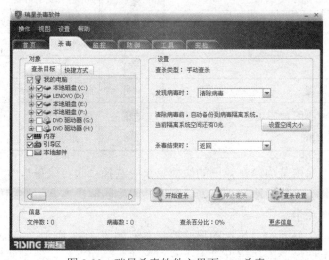

图 8-32　瑞星杀毒软件主界面——杀毒

　　在"设置"栏中可设置对病毒的处理方式、隔离区空间大小、杀毒结束后的操作。发现病毒时的处理方式有 4 种：询问我、清除病毒、删除染毒文件和不处理。隔离区空间大小区域可显示清除病毒前，当前隔离系统的剩余空间大小。杀毒结束时的处理方式包括：返回、退出、重启和关机。

　　单击"设置"栏下面的"开始查杀"按钮，即开始查杀所选目标，在页面底部的信息栏中将显示当前扫描的文件数、病毒数和查杀百分比。发现病毒时程序会采取用户设置的处理方法进行处理。查杀过程中可随时单击"暂停查杀"按钮暂停查杀过程，按"继续查杀"按钮可继续查杀病毒，也可单击"停止查杀"按钮取消当前的杀毒操作。

若需要对某一文件杀毒，也可以拖拽该文件到瑞星杀毒软件的主界面内，或右击该文件，选择快捷菜单中的"瑞星杀毒"，此时瑞星杀毒软件将跳转到"杀毒"标签页，并开始杀毒，待杀毒完毕显示杀毒结果。当发现病毒时，会在"更多信息"页面下方的病毒列表中详细地列出病毒所在文件的文件名、全路径，以及病毒名称和处理结果。在每条信息前端有图标标明病毒类型，各图标含义见表 8-1。

表 8-1 瑞星查杀的病毒类型图标

图标	病毒名称	图标	病毒名称
	未知病毒		UNIX 下的 elf 文件
	DOS 下的 com 病毒		邮件病毒
	DOS 下的 exe 病毒		软盘引导区
	Windows 下的 pe 病毒		硬盘主引导记录
	Windows 下的 ne 病毒		硬盘系统引导区
	内存病毒		未知宏
	宏病毒		未知脚本
	脚本病毒		未知邮件
	引导区病毒		未知 Windows
	Windows 下的 le 病毒		未知 DOS
	普通型病毒		未知引导区

在病毒列表中，右击某项，在弹出的快捷菜单中选择"病毒信息"，可连接到瑞星网站上了解此病毒的病毒分类、传播途径、行为类型以及相应的解决方案等详细信息。

（3）"监控"选项卡。

在"监控"选项卡界面中，显示瑞星监控状态，如图 8-33 所示，监控的项目有：文件监控、邮件监控、网页监控。用户可以单击"开启"或"关闭"按钮控制监控状态。

单击"文件监控"按钮，可以对文件的监控级别进行从低到高的设置，也可单击"常规设置"和"高级设置"按钮来设置对病毒的处理方式，如图 8-34 所示，"邮件监控"、"网页监控"的设置与此相同，不再赘述。

（4）"防御"选项卡。

瑞星的主动防御技术提供了灵活的高级用户自定义规则的功能，用户可根据自己系统的实际情况和需要，制定独特的防御规则，使主动防御功能发挥最大作用。主动防御功能包括：

系统加固、应用程序访问控制、应用程序保护、程序启动控制、恶意行为检测、隐藏进程检测。用户可以单击"开启"或"关闭"按钮设置主动防御的实施状态，如图 8-35 所示，也可单击"设置"按钮进行更加详细的设置，如图 8-36 所示。

图 8-33　瑞星杀毒软件主界面——监控

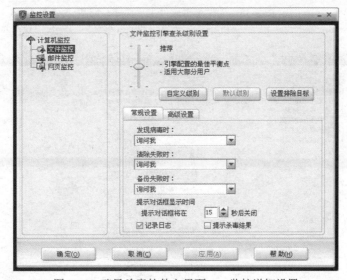

图 8-34　瑞星杀毒软件主界面——监控详细设置

（5）"工具"选项卡。

在"工具"选项卡界面中，包含病毒隔离系统、其他嵌入式杀毒等瑞星工具，同时还显示了它们的工具名、版本信息、大小、操作、帮助信息，如图 8-37 所示。单击工具名前的"+"，可显示该工具的作用。单击某一项标题栏，所有的工具按此标题栏进行排序。单击"运行"链接可以打开相应工具。在界面底部，单击"检查更新"按钮，程序将连接瑞星网站下载最新的工具包，提供给用户最新的安全工具。

图 8-35　瑞星杀毒软件主界面——防御

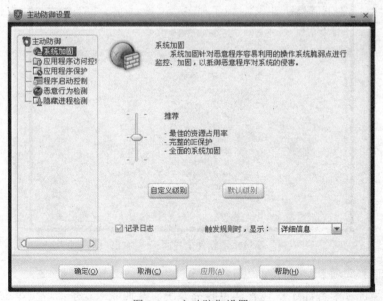

图 8-36　主动防御设置

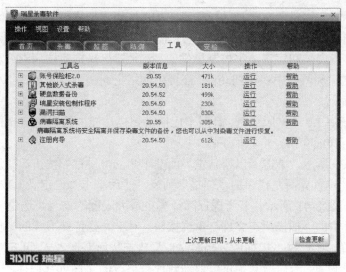

图 8-37　瑞星杀毒软件主界面——工具

（6）"安检"选项卡。

在此界面中，为用户提供全面的评测日志，使用户了解当前计算机的安全等级及系统状态，并根据用户计算机的实际情况推荐用户进行相应的操作，提高计算机的安全等级，如图 8-38 所示。用户可以通过单击"详细报告"链接来了解并检查项目的具体细节。

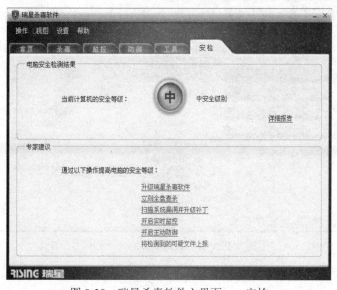

图 8-38　瑞星杀毒软件主界面——安检

2. 普通病毒的检测与防御——卡巴斯基反病毒软件杀毒功能的使用

卡巴斯基杀毒软件是一款比较优秀的网络杀毒软件。它具有较强的中心管理和杀毒能力，能实现带毒杀毒，它还提供所有类型的抗病毒防护：抗病毒扫描仪、监控器、行为阻断和完全检验。卡巴斯基能控制很多病毒进入端口，它功能强大且具有局部灵活性，网络管理工具为自动信息搜索、中心点安装和病毒防护控制提供便利，且能很快构建抗病毒分离墙。卡巴斯基具备自动监视本地磁盘和网络中病毒的功能，还提供网络更新病毒库下载，可为用户提供全面的病毒防护解决方案。

下面以卡巴斯基 7.0 中文版为例，针对卡巴斯基扫描功能中的完整扫描和快速扫描及其有关扫描的设置进行详细介绍，步骤如下：

（1）如图 8-39 所示，单击卡巴斯基主界面左下角的"设置"按钮，打开设置界面，如图 8-40 所示，单击此设置界面左栏中的"扫描"列表，然后单击"自定义"按钮，打开"设置：扫描"对话框，如图 8-41 所示，若考虑保障计算机最大限度的安全，选中"常规"选项卡，选中"文件类型"中的"扫描所有文件"单选按钮，对于一些特殊形式的文件，可在"复合文件"栏中进行设置，如设置"扫描所有档案文件"、"扫描所有嵌入式 OLE 对象"等，同时也可对扫描进行优化设置，卡巴斯基提供仅对新建或被更改的文件进行扫描，也可以设定扫描的最大时间。

图 8-39　卡巴斯基主界面——扫描

（2）选中"附加"选项卡，如图 8-42 所示，"高级选项"栏中有 iSwift 技术和 iChecker 技术可以选择，这两种技术能够跳过上次扫描后没有被修改的文件，仅对新文件或被改变的文件进行扫描，以节约扫描时间，其中 iSwift 技术只能在 NTFS 格式分区磁盘下运行，由 NTFS 内部的描述符号来识别档案。

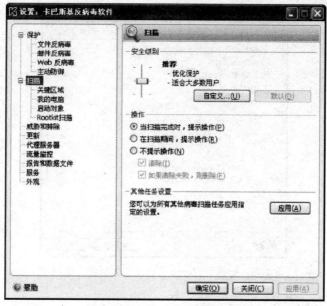

图 8-40 扫描设置

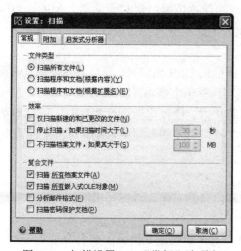

图 8-41 扫描设置——"常规"选项卡

图 8-42 扫描设置——"附加"选项卡

（3）选中"启发式分析器"选项卡，如图 8-43 所示，该选项卡中的功能可以帮助用户实现高效率高标准的扫描，在"Rootkit 扫描"栏中，选中"启用 Rootkit 检测"复选框，Rootkit 是攻击者用来隐藏自己的踪迹和保留 root 访问权限的工具，Rootkit 扫描则是专门针对 Rootkit 进行的一种优化式的扫描方式。选中"使用启发式分析器"复选框，可将"扫描级别"滑动条移动到"高"。

图 8-43　扫描设置——"启发式分析器"选项卡

3．U 盘病毒的检测与防御

随着 U 盘的普及，U 盘病毒已成为目前计算机病毒传播的主要方式之一，用户由于不了解 U 盘病毒的传播方式且疏于防范，造成 U 盘病毒的任意传播。除 U 盘之外，MP3、MP4、移动硬盘、数码相机、手机等移动存储设备都可能成为此类病毒的传播载体。

（1）U 盘病毒的传播过程。

假如一台计算机感染了病毒，当 U 盘插入该计算机的 USB 端口时，在检测时间内，病毒会直接感染 U 盘，即只要 U 盘连接 USB 端口就会被迅速感染上病毒。U 盘感染病毒后，若不及时查杀病毒，当此 U 盘连接到另一台未中病毒的计算机时，U 盘病毒会趁着双击打开 U 盘的机会，利用自带的 Autorun 程序来激活 U 盘中的病毒文件，引发病毒感染本地计算机上的数据。

（2）U 盘中毒症状判断。

U 盘中毒症状大致分为以下几种。

1）当遇到 U 盘打不开时，双击后提示拒绝访问，只能右击，再在弹出的快捷菜单中选择"打开"命令。

2）当插入 U 盘时，U 盘中出现名称类似于 Autorun 的隐藏文件，扩展名可能为 inf、exe 等。它在 U 盘的分区下创建了一种或多种 Autorun 隐藏文件，如图 8-44 所示，双击该盘符时显示自动运行，无法打开。

3）右击 U 盘，在弹出的快捷菜单中出现"自动播放"等选项，如图 8-45 所示，这是 U 盘中毒的症状，此处的"自动播放"与带有 Autorun.inf 的光盘是不同的，"光盘"右击出现"自动播放"的菜单属于正常的功能。

4）当插入 U 盘时，引起操作系统崩溃，表现在开机自检后直接或反复重启，无法进入系统；或进入系统后，会删除硬盘中的文件。

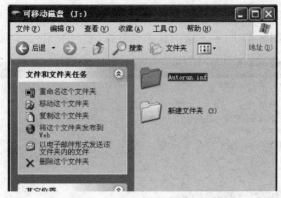

图 8-44　U 盘中的 Autorun.inf 文件

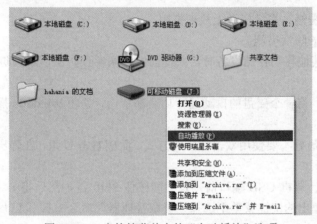

图 8-45　U 盘快捷菜单中的"自动播放"选项

5）U 盘里面出现了一个 RECYCLER 文件夹，如图 8-46 所示，病毒往往藏在这里面很深的目录中，它与回收站"Recycled"的名称和图标是不同的。

图 8-46　U 盘中名为 RECYCLER 的文件夹

6）U 盘中出现了名称与一些常见软件名称类似的程序，这些多为病毒，如出现 RavMonE.exe 程序，如图 8-47 所示，这不是杀毒软件瑞星的程序，而是病毒。

图 8-47　U 盘中出现的 RavMonE.exe 程序

7）计算机运行缓慢，系统资源无故被占用。

（3）U 盘病毒的防治措施。

在使用 U 盘及其他移动存储设备时，要提前做好病毒预防工作。预防 U 盘病毒一般采取以下一些措施：

1）修改注册表，将各个磁盘的自动运行功能都禁止。关闭 Windows 操作系统的自动播放功能。

2）打开 U 盘时最好不要使用双击打开的方式，而应右击 U 盘，在弹出的快捷菜单中选择"打开"命令来打开。

3）U 盘在连接计算机 USB 端口前，长时间按住 Shift 键，然后将 U 盘连入 USB 端口，接着右击 U 盘，在弹出的快捷菜单中选择"资源管理器"命令来打开 U 盘，如图 8-48 所示。

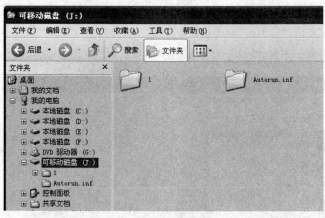

图 8-48　用"资源管理器"打开 U 盘

4）打开 U 盘前要先使用杀毒软件对整个 U 盘进行病毒扫描，使用 U 盘进行数据文件读写操作之前，要确保打开杀毒软件的"实时监控"功能，这样可有效控制病毒文件的入侵。

5）打开 WinRAR 压缩软件，在该软件中浏览 U 盘文件，如图 8-49 所示。若发现 U 盘里出现来历不明的 Autorun.inf 或其他隐藏文件，要在弄清楚它确实为病毒文件后删除它，并及时对整个 U 盘进行病毒查杀。

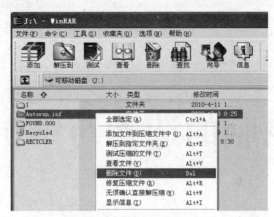

图 8-49   在 WinRAR 中删除 Autorun 文件

6）打开"我的电脑"，单击"工具"菜单，选中"文件夹选项"，然后选择"查看"选项卡，接着选中"隐藏受保护的操作系统文件"复选框、"显示所有文件和文件夹"单选按钮和"隐藏已知文件类型的扩展名"复选框，这样既保护了操作系统文件也可及时发现被感染的 U 盘中的病毒。

7）如果计算机上出现了非用户创建的文件，而文件名称又类似于回收站名称、瑞星文件名称，在弄清其确为病毒文件后删除该文件，如图 8-46 所示。

8.5   习题

1．常用的系统优化软件有哪些？
2．如何进行计算机的日常维护？
3．常用杀毒软件有哪些？

9

笔记本电脑的选购与维护

学习目标

- 了解笔记本电脑主要部件的参数和性能指标
- 购买笔记本电脑时常遇到的问题及解决方法

重点难点

- 笔记本电脑的性能指标
- 选择笔记本电脑的方法

笔记本电脑与台式机相比有着类似的结构组成（显示器、键盘/鼠标、CPU、内存和硬盘），但是笔记本电脑的优势还是非常明显的，其主要优点有体积小、重量轻、携带方便。一般说来，便携性是笔记本电脑相对于台式机最大的优势，一般的笔记本电脑的重量只有 2 公斤左右，无论是外出工作还是旅游，都可以随身携带，非常方便。

近年来随着笔记本电脑价格的降低及配置的升级也使其成为在校学生的不二选择，本章将为大家介绍笔记本电脑的基本组成、选购及常见的故障处理及维护。

9.1 笔记本电脑的硬件组成

笔记本电脑（Notebook Computer）是一种便携式的移动计算机，具有小巧、集成度高等特点，但由于其使用环境多样，发生故障的概率也较高。在对笔记本电脑进行选购或维修之前，应先对其结构特点、工作原理等有一定的了解。

9.1.1　笔记本电脑的分类

笔记本电脑从用途上一般可以分为 4 类：商务型、时尚型、多媒体应用型和特殊用途型。

（1）商务型：商务型笔记本电脑的特征一般为移动性强、电池续航时间长、做工精良、坚固耐用、稳定均衡，突出代表是联想的 ThinkPad 系列笔记本。

（2）时尚型：时尚型笔记本电脑的特征一般为外观优美、注重时尚、个性化气息浓重，突出代表品牌是索尼、苹果。

（3）多媒体应用型：多媒体应用型笔记本电脑的特征一般为配置较强、影音效果出众、显卡不错、屏幕较大，突出代表是 15 寸以上、显卡高强的笔记本电脑。

（4）特殊用途型：特殊用途型笔记本电脑是服务于专业人士，可以在酷暑、严寒、低气压、战争等恶劣环境下使用的机型，多较笨重，并且十分昂贵，突出代表是军用的笔记本电脑。

9.1.2　笔记本电脑硬件介绍

笔记本电脑的硬件主要包括：主板、处理器（CPU）、内存、硬盘、显卡、声卡、网卡、显示器、USB 接口等。

1. CPU

处理器可以说是笔记本电脑最核心的部件，只有火柴盒那么大，几十张纸那么厚，但它却是一台计算机的运算核心和控制核心。一方面它是许多用户最为关注的部件，另一方面它也是笔记本电脑成本最高的部件之一（通常占整机成本的 20%）。

由于笔记本电脑体积小，里面的空间也很狭小，而随着笔记本电脑硬件性能的不断提升，各种硬件散发出来的热量越来越大，尤其是处理器，更是头号的发热大户。如果一台机器的发热量过大而又得不到有效的解决，该机器极为容易发生故障，如出现反复重启、反复死机等运行不稳定的现象；另外，笔记本电脑主要在户外使用，它主要用电池来做电源，如果其处理器功耗过大，必然会大大缩减其电池的续航能力。为此，笔记本电脑的处理器在设计和制造的理念上与台式机处理器不同：台式机一般只需注重运算速度，不必过于在乎其功耗和发热量；而笔记本处理器则将设计和制造重心放在了如何尽量降低功耗和发热量方面,然后才考虑其运算速度。当然，在为一些诸如图形工作者打造的笔记本电脑处理器中，它的设计理念是将运算速度放在第一位，然后才考虑如何尽量去降低功耗和发热量的，也有不少笔记本电脑处理器是同时兼顾性能与功耗两方面的问题，尽量使它们能取得最大的平衡。不过，无论如何，笔记本电脑处理器与台式机处理器相比，在运算速度同等或相近的前提下，都有发热量小、功耗低的特点，这在不同类型的处理器中体现的程度也不一样。

当然，由于笔记本电脑处理器要兼顾性能与功耗两方面，设计和制造成本就自然为之提高了不少，因此，笔记本电脑处理器要比台式机处理器贵很多。正是由于台式机与笔记本电脑处理器价格相差较大的缘故，才导致有不少笔记本电脑采用台式机的处理器。特别在以前，那时，一方面笔记本电脑处理器与台式机处理器价格悬殊大，另一方面它们之间的运算速度相差也较大，难以满足一些游戏、图形工作者用户的需要，为此，不少笔记本电脑均采用了台式机的处理器，直至英特尔 Portability（便携式）系列处理器的诞生才逐步减少了这一现象的发生，笔记本 CPU 如图 9-1 所示。

图 9-1　笔记本 CPU

笔记本电脑的处理器，基本上是由 4 家厂商供应的：Intel、AMD、VIA 和 Transmeta，其中 Transmeta 已经逐步退出笔记本电脑处理器的市场，在市面上已经很少能够看到。在剩下的 3 家中，Intel 和 AMD 又占据着绝对领先的市场份额。

不过，同样是 Intel 的处理器，由于产品新旧更替和不同定位的原因，也存在多个不同的系列，简单来说可以划分为三类：

（1）Core（酷睿）架构处理器：这是 Intel 于 2006 年 1 月初发布的全新架构产品，包括双核心的 Core Duo 处理器和单核心的 Core Solo 处理器。酷睿处理器不仅分为单双核，还分为标准电压（即型号以 T 开头的）、低电压（型号以 L 开头）和超低电压（型号以 U 开头）3 种，分别针对不同应用需求。标准电压版处理器应用于主流的笔记本电脑，此类产品多采用 14 英寸甚至更大的屏幕，偏重于计算性能。低电压版处理器通常用于 12 英寸屏幕的产品，追求性能与功耗的平衡。超低电压版的处理器，往往用于那些追求超高移动便携特性的产品，屏幕尺寸较小，电池寿命很长。

Core 架构的处理器具有非常出色的性能和功耗控制水平，是 Intel 发展的重心，Intel 的台式机、服务器处理器也都采用此架构，目前主流的面向笔记本电脑的英特尔酷睿 2 四核处理器采用强大的多核技术，能有效处理密集计算和虚拟化工作负载。为电池的耐久使用进行了优化，可提供在移动中进行多任务和多媒体处理所需要的性能。

（2）Pentium-M 处理器：这款处理器是伴随着迅驰移动计算技术共同出现的。最开始，这款处理器是以主频来标示型号的，例如 Pentium-M 1.6GHz 等，但是到了 2004 年 5 月，伴随着代号为 Dothan 的新内核的出现，Pentium-M 开始转向一种新的命名方式，例如 1.6GHz 的 Pentium-M 处理器（Dothan 内核）被命名为 Pentium-M 725。到了 2005 年初，随着 Sonoma 平台的问世，Pentium-M 处理器的型号进一步升级到以数字"0"结尾，1.6GHz 的 Pentium-M 处理器又开始称作 Pemtium-M 730。Pentium-M 1.6GHz、Pentium-M 725、Pentium-M 730，这三者主频完全相同，但是 Pentium-M 1.6GHz 是第一代迅驰搭配的处理器，采用 Banias 内核，二级缓存容量为 1MB，前端总线频率为 400MHz；Pentium-M 725 则是 Dothan 内核的处理器，二级缓存容量为 2MB，前端总线频率为 400MHz；Pemtium-M 730 是 Sonoma 平台笔记本电脑搭配的处理器，同样也是 Dothan 内核、2MB 二级缓存，但是前端总线频率升高到了 533MHz。

（3）Celeron-M 处理器：这就是常说的赛扬处理器，它的最大优势就是廉价，通常售价都在 100 美元以下，而劣势则是性能落后，主要表现在二级缓存容量更小、前端总线频率更低、功耗稍高等。Celeron 处理器也采用了类似 Pentium-M 处理器的命名方式，只不过系列名称是以"3"打头，例如 Celeron-M 380，就是指主频为 1.6GHz、前端总线频率为 400MHz、二级缓存容量为 1MB。

AMD 处理器：

AMD 针对笔记本电脑处理器有 2 个系列——Turion 64（炫龙）和移动版 Sempron（闪龙）。前者是主流的高性能型号，基于 AMD Athlon 64 这样的出色架构，并且同样支持 64 位技术，根据设计功耗的不同，分为 Turion 64 ML 系列和 Turion 64 MT 系列，前者最大功耗为 35W，后者为 25W。而根据主频和二级缓存容量的不同，ML/MT 系列又进一步分为 ML-37、ML-34/MT-34、ML-32/MT-32、ML-30/MT-30 等。

2. 主板

主板是笔记本电脑里最大的几个设备之一，如图 9-2 所示。其上有很多接口、插槽。主板品牌有惠普、戴尔、联想（IBM）、宏碁、华硕、神舟、三星、索尼、东芝、微星、海尔、方正、富士通、苹果、同方、七喜、镭波、技嘉等，其中联想（IBM）、宏碁、华硕、神舟、海尔、方正、同方、七喜、镭波、技嘉是国产的。主板的主要功能是将独立的外接设备连接起来，在插槽上插入声卡、网卡、显卡、内存条等，实现统一的功能。主板的设计好坏关系到笔记本的散热问题。

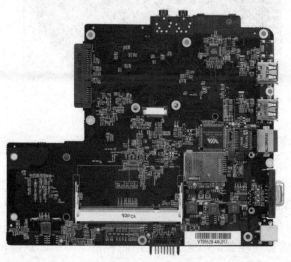

图 9-2　笔记本主板

3. 内存

内存主要用来从硬盘到 CPU 之间传输指令时加速，硬盘和 CPU 的运行速度不匹配就产生了内存的概念，内存相对硬盘来说很小，现在流行的配置是 2G 或者 4G 内存，高端机器会有 8G 或者 16G 等，内存的生产厂家跟主板一样有很多，主要有：金士顿、威刚、海盗船、宇瞻、金泰克、金邦科技、芝奇、三星等，一般比较好的是前几个。内存当然是越大越好，但是不同的内存搭配或者内存和主板的不兼容会出现蓝屏的现象。内存的型号分为：DDR2 和 DDR3，DDR1 已经基本消失了，老一代的笔记本电脑用的是 DDR2，频率为 667MHz，较新的笔记本电脑用的是 DDR3 的内存，频率是 1333MHz，速度比 DDR2 快得多。

笔记本电脑的内存可以在一定程度上弥补因处理器速度较慢而导致的性能下降。一些笔记本电脑将缓存内存放置在 CPU 上或者非常靠近 CPU 的地方，以便 CPU 能够更快地存取数据。有些笔记本电脑还有更大的总线，以便在处理器、主板和内存之间更快地传输数据。

由于笔记本电脑整合性高、设计精密，故对于内存的要求比较高，笔记本电脑的内存必须符合小巧的特点，需采用优质的元件和先进的工艺，拥有体积小、容量大、速度快、耗电低、散热好等特性。出于追求体积小巧的考虑，大部分笔记本电脑最多只有两个内存插槽，如图 9-3 所示。

图 9-3　内存

4. 硬盘

硬盘为主要的存储设备，为笔记本电脑中最大的几个设备之一，现在的常用硬盘按速度分主要有：5400 转/分、7200 转/分、SSD 硬盘。前两种是普通的硬盘，后一种是我们常常听到的固态硬盘，较速度来讲，前两种的速度并没有多大的区别，7200 稍微快点，但是 SSD 硬盘就快得多了，相同 Windows 7 装在 5400 和 7200 的硬盘上，开机要 50 秒钟的话，SSD 上只需要 25 秒钟左右。但是 SSD 硬盘的价格却贵了许多，60GB 的 SSD 的价格可以买 1T（1000GB=500GB*2）的普通硬盘。常见的硬盘厂商有希捷、西部数据、日立、三星、东芝、联想 ThinkPad、易拓等。

9.1.3　笔记本电脑硬件的拆卸与组装

下面以联想 Y470 笔记本电脑为例介绍笔记本电脑的拆卸与组装。

操作步骤：

（1）首先把笔记本电脑的电池和电源拿开后，从底部最大的一块盖板开始拆解。盖板由五颗螺钉固定，拧开螺钉后拔下来即可，如图 9-4 所示。

拆掉红色标注处 5 颗螺丝，即可拆开后盖板

图 9-4　笔记本电脑拆卸图

（2）盖板拿下来后，能够看到笔记本电脑的散热风扇、内存、无线网卡模块以及硬盘（锡箔纸下方），如图 9-5 所示。

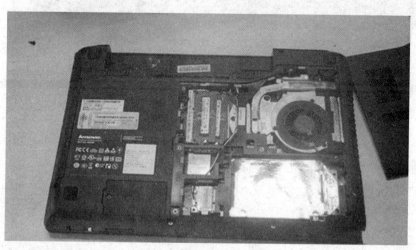

图 9-5　打开后盖板内部图

（3）内存条比较好拿下来，可以把固定内存条的两边的卡扣往旁边扳动一点，内存就会

自动弹起来了。硬盘由两颗螺丝固定，拧下来就可以拿下硬盘，如图 9-6 所示。

拆掉两颗硬盘固定螺丝即可卸下硬盘

图 9-6　硬盘拆卸

（4）无线网卡的天线是从液晶屏里面延伸出来的，两根线拆下来后从线槽里面弄出来，如图 9-7 所示。

黑白两根线为无线网卡的天线，把它从无线网卡上拆下

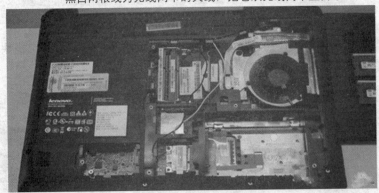

图 9-7　网卡拆卸

（5）圈出部分为固定光驱的螺丝，大多光驱都是只由一颗螺丝固定，拧掉了就能直接抽出来，如图 9-8 所示。

（6）笔记本电脑正面的开关面板在笔记本电脑上主要由这四颗螺丝固定着，直接拧下来先，如图 9-9 所示。

（7）转到笔记本电脑键盘的这一面，用手把盖板抠起来，但是不要直接拿下来，把盖板松开之后往上面移动一点，先将键盘弄起来。注意一下盖板的边缘暗扣，如图 9-10 所示。

拆掉标注处螺丝，光驱即可抽出

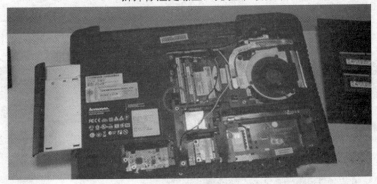

图 9-8　光驱拆卸

键盘上方电源按钮面板由电池背部的四颗螺丝固定

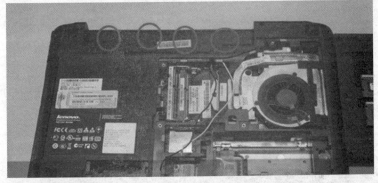

图 9-9　正面开关面板拆卸

图 9-10　开关面板拆卸

（8）键盘取下后能够看到开关面板上面还有两组排线连接在主板上面，直接抽出来，如图 9-11 所示。

拆卸音箱电源按钮面板时，注意先拆卸标记处排线

图 9-11　抽出排线

（9）开关面板拿下来，把笔记本电脑底部的所有螺丝全部拆卸干净，就能将笔记本电脑的 C 壳取下来了，如图 9-12 所示。

然后拆除掉机身后部的 8 颗固定螺丝，C 面就会脱落

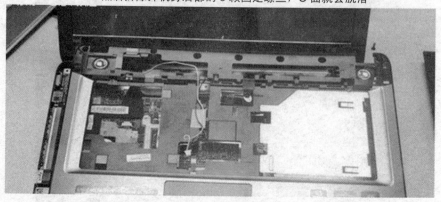

图 9-12　C 面板拆卸

（10）C 面板拆卸后就能看见整个主板的布局了，小心地清理掉目前主板上面还存在的一些数据线接头，如图 9-13 所示。

（11）主板拿出来后，风扇便可以拿下，那么工作就结束了，如图 9-14 所示。

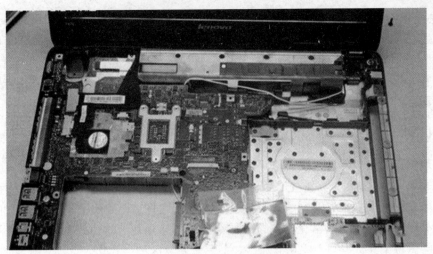

图 9-13　笔记本内部图

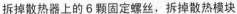

拆掉散热器上的 6 颗固定螺丝，拆掉散热模块

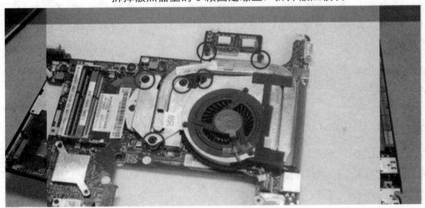

图 9-14　风扇拆卸

9.2　笔记本电脑的常见故障与维护

9.2.1　主板故障

主板问题在笔记本电脑故障中较为常见。

故障表现：无法开机，连 BIOS 界面都不出现。

故障原因：主板的问题多是电路短路或者断路造成。电路短路主要源于笔记本电脑中进了液态物质（不管是水类还是其他液态物质）；还有一种是高电压损坏造成了部分短路（或者断路），高电压的来源是打雷、非正常关机而没有做电池缓冲。

故障处理：建议尽量不要在雨天使用外接电源，只使用电池。断路主要是源于上面所提的高电压对电路板的损毁和过多的灰尘造成的局部过热，灰尘主要来自静电对灰尘的吸附，时间久了积存的灰尘很多，导热不畅通，会将一些器件烧坏或者过度氧化，从而引起部件不能正常使用。另外，不要轻易刷新 BIOS。主板更换成本为笔记本电脑价格的四分之一左右。

9.2.2　硬盘故障

故障现象：开机时硬盘无法自检，系统不认硬盘。

故障原因：产生这种故障的主要原因是硬盘主引导扇区数据被破坏，表现为硬盘主引导标志或分区标志丢失。这种故障的罪魁祸首往往是病毒，它将错误的数据覆盖到了主引导扇区中。

故障处理：市面上一些常见的杀毒软件都提供了修复硬盘的功能，但若手边无此类工具盘，则可尝试将全 0 数据写入主引导扇区，然后重新分区和格式化。

硬盘主要是怕振动和强磁。尽量不要在颠簸的交通工具上使用，要小心不要将笔记本电脑摔到地上。虽然笔记本电脑的硬盘比台式机小很多，也加了防震功能，但仍需避免电子器件物理性震动，硬盘的故障多源于此。还有一个问题，就是强磁环境。笔记本电脑大多数还是硬磁材料，对强磁场很敏感，强磁场可以破坏硬磁材料中的数据甚至使整个硬盘损坏。高压线路经过的附近，变压、开关设备的附近，大型动力设备的附近都会有强磁信号，建议不要将笔记本电脑、MP3、U 盘长时间放在这些地方（不管使用与否）。硬盘更换或维修成本为笔记本电脑价格的五分之一左右。

9.2.3　显示屏故障

故障现象：笔记本电脑在上网时移动页面或游戏时出现花屏。

故障原因：检查是否为显卡驱动的问题。

故障处理：可将显卡驱动重新安装。

显示屏主要是怕摔、怕压、怕碰。因为显示屏主要是玻璃和液晶组成，很脆弱，特别害怕力量型的损伤。哪怕有些笔记本电脑的外壳是合金材料，但因为厚度有限。因此，不小心摔到笔记本电脑或压上了重物、碰到了大力度的硬性材料，显示屏最容易损坏，并且一旦损坏，修复的可能性很小，大部分都是直接换新。显示屏更换成本为笔记本电脑价格的四分之一左右。

9.2.4　接口故障

故障现象：串口无法使用，在系统属性里找不到串口的硬件设备。

故障原因：串口控制芯片 MAX3243 损坏。

故障处理：更换串口控制芯片。

笔记本主要的接口有：串口、USB 接口、扩展接口、网线接口。如图 9-15 所示，一般情况下，笔记本电脑的接口尽量不要热插拔，除了鼠标和外接键盘。串口在调试通信时最好拔另一端，而不要拔笔记本这一端；USB 接口在使用 U 盘、移动硬盘或者其他 USB 设备时不要硬拔；扩展接口正在工作时不要强行拔出；这些硬拔都有可能将造成接口的烧毁，甚至临近的主板电路损伤。网线接口损坏主要是当有些网线接头不太好用时，非常用力地插拔 RJ-45 接头造成的，打雷时最容易损伤网线接口。这些接口更换费用虽然不贵，但去维修却也很麻烦。

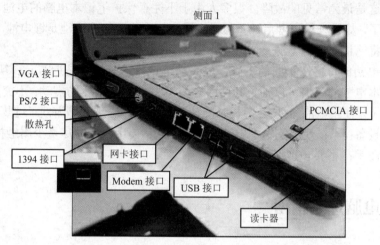

图 9-15　笔记本外围接口

9.2.5　触摸屏及其按键故障

故障现象：触摸屏和按键灵敏度下降。

故障原因：经常使用所致。

故障处理：有两个建议可以延缓这两个部件的损伤，首先就是要尽早地使用鼠标，鼠标价格一般为几十元，并且更换容易，经常更换鼠标是保护触摸屏及其按键的措施；还有一个建议是给触摸屏上贴一个透明保护贴（可以是长宽适当的透明胶布），但这只能保护触摸屏，不能保护按键。

9.2.6　光驱故障

故障现象：将光盘放入光驱后光驱等闪烁正常，但是"我的电脑"中光驱盘符无光盘提示，双击盘符提示"请放入光盘"。

故障原因：先检查光盘是否正常，如果排除光盘问题则检查光驱读取器是否被污染。

光驱处理：擦干净光驱读取器。光驱故障多源于经常使用，要想保证笔记本电脑的光驱使用寿命在 5 年以上，光驱的使用频率要大大减少，不可以经常性地通过光盘看碟，不可以经常运行光驱支持的软件。要确实有这个需要，建议从网上下载电影，或者复制到硬盘上观看，或者安装虚拟光驱软件来运行需要光驱支持的软件。光驱更换成本在百元以上。

9.2.7　电池故障

故障现象：笔记本电脑在使用电池时无法开机。

故障原因：电池问题。

故障处理：这是最为常见的故障。很多人由于不注意保护笔记本电脑的电池，两年过后，电池基本就无用了，拔掉外接电源后计算机马上关机。一般笔记本电池是锂电池。另外，在雷电天气时，最好将笔记本电脑电源关闭，也不要将其插在插座上。

虽然笔记本电脑的价格在不断的下降，但高端笔记本的价格还是近万元。所以，养成一些好的使用笔记本电脑的习惯可以延长其使用寿命，如防摔、防碰、防震动；不突然断电关机；不在雷雨天使用（只使用电池除外）；不长时间使用笔记本电脑玩大型游戏（过热）；不热插拔接口部件和外接设备；不在使用笔记本电脑时吃喝东西；使用鼠标时尽量少用触摸屏；使用笔记本电脑前尽量洗手；不要频繁使用光驱。

9.3　笔记本电脑选购指南

市面上笔记本电脑的种类繁多、配置不一，能买到一个性价比不错的笔记本相当不易。没有最好的笔记本电脑，只有最适合的笔记本电脑。

9.3.1　按需求定位

随着电子技术的发展和产品价格的飞降，现在越来越多的人选择购买笔记本电脑。现在市场上笔记本电脑品牌众多，型号更是眼花缭乱，新名词新技术层出不穷，如何挑选一款合适的笔记本电脑，这个问题对于绝大多数用户来说，是最关注的问题。下面就从各个方面来详细解说如何挑选一台合适的笔记本电脑。

在正式挑选笔记本电脑前，首先要决定的是两件事：需求和预算。这两个方面是相互关联又相互制约的，在不同的价位中因需求不同选择也不同，预算也是个大概的范围。

选购笔记本电脑首先要知道自己的需求是什么。笔记本电脑根据其品牌、配置及性能的不同，价格也不同，并不是越贵越好。台式机的选购可以将各个配件都选择最中意的品牌与性能进行组合，但笔记本电脑无法自己选购配件，而只能选择厂商已经配好的套餐。因此选购笔记本电脑只能根据自己的需求，采取某种配件做主要参考，其他配件为辅助参考的原则，由于成本、散热等原因，很多笔记本电脑的配置都是性能价格搭配组合的，比如好点的 CPU 配差点的显卡，或差点的 CPU 配好点的显卡（当然好坏是相对而言），购买笔记本电脑的需要无外乎分以下几种：

（1）普通家庭用户。这类用户要求比较低，经常进行的操作无非是打字、上网、看碟，所以配置也不高，价位也低，一般可选择中低档的 CPU，集成的显卡，屏幕为 12～14 寸，价格为 3000 元左右或者更低。

（2）游戏玩家。这类需求的用户主要对显卡要求较高，根据不同游戏要求，显卡也有入门级、中档、高档的区别，与之配套的 CPU 也有中档和高档之分，这类笔记本电脑是各品牌的主推产品，型号繁多，屏幕以 14 寸为主，价格为 4000～5000 元左右，当然配置越高价格越贵。

（3）特殊要求用户。用户因为职业和行业的关系，对笔记本电脑有特殊要求，比如有的要运行大型程序，有的要作图，有的要进行视频处理等，这类用户对 CPU 和显卡都有要求，CPU 要高档的，显卡起码要中档的，内存要大。这类用户占购买人群的少数。

9.3.2 品牌选择

明确了个人购买需求后，再需要考虑的就是品牌问题。品牌好的，售后及服务也比较好，但是价格高；品牌差点的性价比高些。因此选择过程中只能仁者见仁，智者见智。

现在笔记本品牌，一流的有：苹果（APPLE）、惠普（HP）、戴尔（DELL）、索尼（SONY）、三星（SAMSUNG）、东芝（TOSHIBA）、ThinkPad；二流的有：华硕（ASUS）、宏碁（ACER）、微星（MSI）、明基（BENQ）、联想（LENOVO）、神舟（HASEE）、长城（GREATWALL）、新蓝（SALO）、方正（FOUNDER）、GATEWAY。当然这也不是绝对的，像台资的华硕、宏碁应该也可以算到一流品牌，像 ThinkPad 被联想收购后，有人就不把它看作一流品牌。

笔记本电脑的品牌往往和其售价相关，同等配置的笔记本电脑，品牌好的相对售价也会高一些。当然同一品牌的笔记本电脑也会有高端产品和低端产品。

（1）如果预算充足，可以选择苹果、ThinkPad、东芝、索尼、惠普、戴尔、三星等品牌。好的品牌除了有产品设计和产品质量上的保障外，其售后服务也相对完善。

（2）如果预算有限，可以选择华硕、宏碁、联想、GATEWAY（被宏碁收购的美国品牌）等品牌，这些品牌的笔记本电脑性价比较高，其产品质量也都有保证。

（3）如果实在资金有限，建议购买市场占有率高的，口碑较好，消费者认可较高的产品，如联想的低端型号。

9.3.3 处理器选择

CPU 由 Intel 和 AMD 双雄兵分天下。从技术和性能上来说，Intel 始终略胜一筹，AMD 的功耗始终是个问题，在台式机上好一点，毕竟有空间散热，对于笔记本电脑来说，散热的压力不小，AMD 的优势是价格便宜，选用 AMD 的笔记本电脑比同性能的采用 Intel 的价位要低。

简单来说，目前使用 AMD 的笔记本电脑价格一般在 3000 元以下，预算有限的可以考虑。通常情况下，Intel 的 CPU 还是首选，对于那些只是用笔记本电脑上网、看电影、对其性能没什么要求的用户来说 i3 就很不错；但是对于喜欢玩游戏或者对笔记本电脑性能有较高要求的用户还是要优先考虑 i5，如果预算充足够就考虑 i7。但是必须说明的是，很多时候并不是型号越高性能就越好，有些笔记本电脑的型号数字大很多，但性能却只提升了一点。另外，笔记本电脑性能是建立在均衡的基础之上的，要避免太明显的短板。

9.3.4　购买笔记本电脑的注意事项

在根据自己的需要和条件选择了目标笔记本电脑后，下面介绍购买笔记本电脑的实战环节。选购实战环节是购买笔记本电脑过程中重要的一个部分，通过仔细的检查、核对和测试，了解所选笔记本电脑的性能和做工，能帮我们选中合适的产品。

（1）箱体检查。

在拆开笔记本电脑包装箱前，一定要注意查看箱体是否完好，有些时候包装箱破损并非都有问题，但仓库受潮、运输不当都有可能对产品造成损害，因此开箱前不要放松警惕，如果箱体不完好，有理由要求更换一台新机器。

（2）借助包装箱侧面的贴纸核对机器型号和配置。

开箱前，核对产品型号同样需要注意，当经销商将笔记本电脑从库房调来后，我们需要简单核实一下产品的型号和配置，一般箱体侧面有相关的内容，有时通过笔记本电脑型号可以初步判断其配置。如 Aspire 5740DG-434G32Mn，表示这款产品配备了酷睿 i5-430M 处理器，4GB 内存，320GB 硬盘，结尾的"M"表示配备 DVD 刻录机、"n"表示内置支持 802.11n 协议的无线网卡。

看封条、查型号是开箱前的基础工作，核实无误后才可动手开封，千万不要等打开箱子后才发现商家"拿错"机器了，买中配却成了低配或者高配，给不良商家以转型之机。

（3）开箱验机。

开箱第一步首先要检查封条是否完好，看看封条有无被撕开的痕迹，值得注意的是，一些笔记本电脑包装箱上下都有封条设计，我们有时只注意到上面那个，往往忽略了下面的封条，实际上笔记本电脑也可以从下方被取出，这点需要多加留意。撕开封条前，观察其表面是否平整，撕开后注意查看粘贴部分是否均匀，一些经销商曾用吹风机吹开封条后再用两面胶将其重新粘好，因此要注意观察有无人工粘贴的痕迹，有些机型封条下贴着印有品牌 LOGO 的透明胶布，同样需要检查（但有一些品牌产品没有胶布设计，并不能说明被拆开过）。

以上步骤做完后，就可以拆开笔记本电脑的包装箱了，除了需要谨慎外，最好选择一个比较好的拆箱环境，没有杂物的写字台或者一张干净的桌子即可。

仔细检查包装箱内的附件是否齐全。拆开包装箱后，不需要先将注意力集中在主机上，首先把箱子里的东西一件件拿出来平摊放好，并按照装箱单来检查箱内物品是否齐全（并非所有的笔记本电脑都有装箱清单），如果少了其中的一件（质保与三包凭证、说明书与驱动光盘、标配锂离子电池、电源适配器），那么至少可以说明包装箱被拆开过或者装箱时有遗漏，我们可以拒绝购买。

（4）三码核对。

现在许多电子产品都有"三码核对"，那么什么是三码呢？笔记本电脑的三码是指产品包装箱上的 SN 码、主机底部贴纸上的 SN 码以及三包凭证上的 SN 码，全新的机器三码必须统一，这点一定要记好，以免买到来路不明的机器，并可能会影响保修服务。

核对完三码后，我们就可以将全部精力放在主机上了，毕竟这才是箱中的大件，也是在诸多细节之处需要检查的。就目前来看，笔记本电脑顶盖通常采用钢琴烤漆工艺或者具有磨砂手感的材质。对于前者来说，其顶盖是否印有指纹需要仔细查看，而后者则需要检查表明是否有磨损。

（5）注意机身细节。

配置是体现产品性能的参数，而接口布局作为易用性的一个方面，关注的用户与日俱增，其实在验机过程中对接口的检查同样必不可少。

其中，USB2.0 接口和笔记本电脑锁孔最为常用，在环境嘈杂的电脑城中，为了达到提高操作体验和防盗的目的，一些商家会使用外接鼠标和电脑锁，因此可能会对笔记本电脑接口部位造成一定的磨损，这点需要大家多多留意。

金手指是否有划痕，是检验电池是否为全新的基本方法，虽然卖场中的样机大都外接电源，但也有少部分存在问题。在使用一段时间后，位于机身侧面和底部的散热窗经常会有灰尘侵入，验机时应多注意这类部位。打开笔记本电脑光驱，检查光驱内金属部件是否有磨损，吸入式光驱是否干净非常重要。

机身底部的垫脚和螺丝经常被人们所忽视，其实笔记本电脑被当作样机摆放，对底角的磨损还是相当大的，新机器的橡胶垫脚通常是平滑、无污垢的，样机由于长期摆放在展台上在这些位置可能会露出蛛丝马迹，如果发现机身螺丝有划痕，那么更需要加强警惕。另外，钢琴烤漆顶盖容易留下指纹，磨砂质感顶盖容易造成划痕，这些都是我们需要留意的地方。

检查完顶盖后，打开屏幕，可以感受一下转轴的阻尼力度，一般来说，阻尼偏大可能是厂商设计作为，如果您认为转轴过于松动，那该机很有可能曾被当作卖场中的试用样机。

一些采用 ABS 塑料的部位由于长时间使用容易留下油渍和污垢。验机时，需要检查键盘、触控板表面是否崭新，键帽是否过于松动，腕托上的各种 LOGO 是否有磨损起毛边的痕迹，这些都是鉴别新品的重要手段。

（6）主要硬件设备的检查。

测试 CPU：可以借助相关软件来检查，如鲁大师。通过该软件可以查看 CPU 主频、系统前端总线频率和实际报告频率等众多参数。

屏幕监测：LCD 显示屏是笔记本电脑的一个重要部件，价格昂贵且比较脆弱。在检查时，一般应把液晶屏的亮度和对比度、整块液晶屏亮度的均匀度、颜色的纯正程度及坏点的个数作为检查重点。首先，打开操作系统自带的"写字板"，在不同亮度下分别查看整个屏幕的亮度是否均匀，要特别注意四角和边框部分，一般中央亮度正常而四角偏暗的情况较多。其次，打开一张自备的色彩丰富的图片，检查液晶屏的色彩是否存在偏差。

9.4 习题

1. 笔记本电脑和台式机的相同点有哪些？不同点又有哪些？
2. 笔记本电脑的外部结构由哪 4 个部分组成？
3. 使笔记本电脑光驱寿命更长的方法有哪几种？
4. 笔记本电脑的日常保养技巧有哪些？
5. 笔记本电脑如果进水，应用什么方法进行处理？

参考文献

[1] 刘博，肖仁锋，韩振光. 计算机组装与维护维修. 第 2 版. 北京：清华大学出版社，2013：20-23.

[2] 瞿谆. 计算机系统组装与维护. 北京：机械工业出版社，2010：47-49.

[3] 熊巧玲，田宏强. 电脑组装与维修从入门到精通. 第 3 版. 北京：科学出版社，2013：78-82.

参考文献

[1] ...（此处文字严重褪色，无法辨识）... 2002.

[2] ...（此处文字严重褪色，无法辨识）... 2010.

[3] ...（此处文字严重褪色，无法辨识）... 2012.